JN123730

縮小時代の地域空間マネジメント

ベッドタウン再生の処方箋

監修・著　長瀬光市
著　縮小都市研究会

公人の友社

はじめに
―もうひとつの郊外住宅地の未来へ―

　この本は、人口減少、高齢化時代の東京圏郊外住宅地で、どのような問題が起き、郊外住宅地の未来はどのようになるのか。現実に起きている様々な問題を直視し、住み続けるまちに再生していていくために、今から何を準備したらよいのか。地域で生じている問題をどのように解決し、住み続けるまちに再生してくために、「もうひとつの郊外住宅地の未来」を考えるための本である。

　筆者らは何故、東京圏の郊外住宅地に着目したのか。地方は大都市より20年先行して人口減少、高齢化社会に直面し、暮らしや生活の様々な局面で「縮小」リスクが顕在化してきた。住み続けるまちにするために、住民と行政との連携・協働による地域再生に取り組んできた。

　一方、東京圏でも、2020年以降、世帯数の伸びが頭打ちとなり、急速に高齢化局面に突入する。郊外住宅地は、経済発展を担ったサラリーマンが、家族で過ごし、英気を養うベッドタウンであった。入居者の大半は地方から東京圏に就業の場を求めて移り住んだ住民である。入居から40〜50年近くが経過すると、ライフサイクルの変化により世帯人数が減少し、人口が急減して急速に高齢化が進展し、住宅地内に都市型限界集落が出現している。

　地方のコミュニティと比較して住民同士の関係性が稀薄な東京圏郊外住宅地では、地縁による共助の担い手が乏しく、負担を分かち合い、暮らしを支えるための社会関係資本の蓄積が脆弱といえる。このまま放置すれば事態は深刻化し、老いる郊外住宅地と化し、40〜50年かけて築いてきたコミュニティが崩壊し、ゴーストタウンへの道を歩むことになる。

　危機意識を抱いた、住民や自治会などの地縁組織では、コミュニティ問題を少しでも解決していくため、試行錯誤による様々な社会活動が生まれている。その活動は自治会などの地縁組織の枠組みにこだわらず、多様な主体との連携・協働による活動が行われている。郊外住宅地によっては、地域課題を解決する

活動にようやく取り組みはじめた住宅地もあれば、更に将来を見据えた、地域再生に向けた取り組みをはじめている住宅地も存在する。

　本書で提起する郊外住宅地再生のミッションは、「ベッドタウンからの脱却」を実現することである。筆者らは、ベッドタウンから脱却をめざす、地域空間マネジメント組織のあり方、まち再生のプロセスや未来のまちづくりビジョンのあり方にまで、踏み込みこんで提案を試みた。

　郊外住宅地のみなさんとのヒアリングや交流を通じて感じたことがある。ひとつは、地域には、多彩な専門的知見やスキルを持った住民が多く居住する人的資源の宝庫である。もうひとつは、コミュニティを築きあげてきた第一世代は、まちづくりに関する知識や経験が豊富で、至って健康でボランティア活動にも熱心である。この人的資源をまち再生の原動力に活かしていく必要がある。

　筆者らは、住民と多様な主体との連携・協働により、住宅地を持続可能なまち再生していくことが重要と考えた。そのためには、住民自身が主体となって住宅地を維持・管理・再生する、マネジメントがあたりまえになっていかなければならい。このような観点にたてば、まちを「使う人」が「地域空間マネジメント組織」を設立し、「使う人」が主体となったマネジメントが重要となる。

　「郊外住宅地の未来」に手応えを持つに至ったのは、それぞれの地域で奮闘、挑戦している住民や自治会などの地縁組織、活動団体、ＮＰＯなどや行政職員の活動を見聞きし、その熱意や思いに共感した。そして、住民の創意工夫による多様な活動から、明確ではないが「まち再生の方向性」や「まちの将来ビジョン」が、おぼろげながら見えてきたからである。

　現実を直視し、それぞれの地域で試行錯誤を繰り返し、まち再生に向けて挑戦している住民や自治会などの地縁組織、活動団体、ＮＰＯなどのみなさん、地域を愛して意欲と知恵を持って奮闘している行政職員のみなさんに、この一冊が手に届くことを祈っています。

　　　　2020 年 3 月

　　　　　　　　　　　　　　　　　　　筆者を代表して　　長瀬光市

縮小時代の地域空間マネジメント
～ベットタウン再生の処方箋～

目次

はじめに　－もうひとつの郊外住宅地の未来へ－ ……………………… 3

序章　ベッドタウン崩壊の危機 …………………………………………… 9

第1章　東京圏の郊外住宅地誕生 ………………………………………… 13

　1　郊外住宅地とは………………………………………………………… 13

　2　職住分離を前提とした郊外住宅地の地域空間………………………… 14

　3　郊外住宅地の開発戦略とベッドタウン化…………………………… 15

第2章　郊外住宅地の「地域空間」の変化 ……………………………… 21

　1　開発後の時間経過による社会状況の変化 …………………………… 21

　2　「地域空間」の変化 …………………………………………………… 26

　　(1)　社会的空間の変化 ……………………………………………… 26

　　(2)　なりわい空間の変化 …………………………………………… 29

　　(3)　物理的空間の変化 ……………………………………………… 33

　3　郊外住宅地の課題の顕在化…………………………………………… 37

　4　環境変化を放置した場合の地域空間の姿…………………………… 43

第3章　郊外住宅地の現状と試み ………………………………………… 47

　1　何故、5つのエリアを選定したか…………………………………… 47

　2　郊外住宅地の動向とまちづくり活動………………………………… 49

(1)「横浜・湘南」 住み続けるまちにするための自治会を
　　中心とした「まちの再生」（横浜市栄区湘南桂台自治会）………… 49

(2)「横浜・湘南」 行政の後方支援による住民主体の
　　「まちの将来ビジョンづくり」（横浜市栄区庄戸自治会）………… 53

(3)「横浜・湘南」 町内会の限界を支える
　　「タウンサポート鎌倉今泉台」（鎌倉市今泉台町内会）………… 58

(4)「神奈川西部」 コミュニティカフェ荻野からはじまる地域の絆づくり
　　（厚木市鳶尾団地）………………………………………………… 63

(5)「埼玉中部」 住民と行政との協働による新たな地縁組織づくり
　　（鳩山町鳩山ニュータウン）　………………………………… 69

(6)「常総」 自治体主導による地域運営組織づくり
　　（龍ケ崎市竜ヶ崎ニュータウン）………………………………… 75

(7)「北総」 民間による成長管理型のマネジメント
　　（佐倉市ユーカリが丘）………………………………………… 81

第4章　ベッドタウンをどう変えていくか ………………………… 89
　1　事例から読み解く特筆すべき社会活動……………………… 89
　2　地域資源のストック評価…………………………………… 97
　3　ベッドタウンからの脱却…………………………………… 107

第5章　使う人が創る「まち」シェアタウン ………………… 115
　1　「まちの価値」を高めるシェアタウン ………………… 115
　2　「まち再生」の短期と中長期の考え方と取組み ………… 119
　3　シェアタウンへの変容を促す…………………………… 123
　4　地域空間マネジメントの提案 ………………………… 127
　　(1) 住民主体の「地域空間マネジメント」と自治体の役割 ………… 127
　　(2)　住民と多様な主体による「地域空間マネジメント」の提案……… 130
　　(3)「地域経営共同体」の仕組みの提案 ………………… 138
　5　シェアタウンに相応しい地域空間の提案 ………………… 142

(1)「新たなニーズ」 生活環境の変化に対応する新たな空間の提案　142

(2)「地域資源」 空き家・空き地の利活用と仕組みの提案　………　150

(3)「新陳代謝」 人を呼び込む住まい方システムの提案　…………　158

(4)「職住近接」 暮らしに溶け込む「なりわい空間」の提案　………　165

(5)「交流」 交流からはじまる地域再生のネットワークの提案　……　173

まちづくり情報インデックス……………………………………………　182

おわりに……………………………………………………………………　186

参考文献・出典リスト………………………………………………………　188

監修・執筆者紹介……………………………………………………………　190

序章　ベッドタウン崩壊の危機

　ベッドタウン崩壊の危機、もうひとつの郊外住宅地の未来をめざし、この本を読み進めていく手がかりとして、東京圏郊外住宅地の急激な人口減少と高齢化。見えてきたベッドタウン崩壊の危機を防ぐために、「近未来に起こりうる最悪の展望図」を描き、崩壊を未然に防ぐために、まちをどう変えていくかの視点から、「めざすベッドタウン再生ビジョン」について提案する。

（1）東京圏の急激な高齢化

　地方都市の衰退、地方の集落消滅を危惧する声が高まっているが、これまでの地方創生議論は、人口減少と高齢化が同時に進行する地方の地域再生や活性化策に始終し、大都市圏課題は後回しにされがちであった。

　1950～80年代にかけ、東京から30～50ｋｍの郊外住宅地を求めて移り住んだ、サラリーマンたちが一斉に高齢化し、ベッドタウン（＝郊外住宅地「独自の産業基盤もたず、大都市近郊にあって大都市への通勤者の居住地となっているまち」）を抱える多くの市町村が、2030年代半ばには高齢化率が40％超えると予測されている。

　東京圏の2010年総人口は3,562万人であったが、40年には3,231万人に減少し、高齢化率が10年の20.5％から40年には34.6％に上昇する。今後は地方より東京圏の方が、急速に高齢化が進み、劇的な変化に見舞われると予測されている。東京圏郊外に計画整備された住宅団地を多く抱える自治体が、高齢者の絶対数の増加に伴い、高齢化問題が後回しできないほど、緊急課題として浮かび上がっている。

2025年問題（1947〜49年の「第1次ベビーブーム」で生まれた「団塊の世代」が、75歳以上となる2025年頃の日本で起こる様々な問題のこと）を間近に控え、高齢者人口が急増する東京圏では、高齢者対応の医療・福祉体制の物量面、人材面で大増強しなければ、深刻な問題が今後起こりうる。

東京圏に住む地方出身者は、人口減少や高齢化の話になると「地方の問題」と捉え、「故郷は存続できるのか」「これから地方はどうなるのか」と心配する。しかし、東京圏の高齢者人口は、2035年に1,000万人を突破し、高齢者人口の増加率が他の地域より高く、東京圏が急激に「老いていく」姿が見えてくる。

本当に深刻な問題を抱えているのは、これからは「地方」ではなく「東京圏」といえる。地方から郊外住宅地に終の棲家を求めた「場所」が、子や孫にとっての故郷になるのか、その岐路にたたされている。

（2）ベッドタウン崩壊の危機

かつて、団塊世代が東京圏に溢れ、郊外に大量の住宅地が建てられた。それが今や、入居から40〜50年が経過すると、ライフサイクルの変化により世帯人数が減少し、人口が急減し、急速に高齢化が進展している。

そうなれば、ベッドタウンの随所にゴーストタウンが現れ、苦労して手に入れたマイホームも、資産価値のない物件となってしまう恐れがある。

親世代から独立した子世帯は、長い通勤時間は家事や子育ての両立を困難にする郊外住宅地を嫌い、職住近接を求めて都心部で自分の家庭を築きはじめた。もう、郊外住宅にはおそらく戻ることはないだろう。

子どもが独立して世帯人数が減少し、家庭内新陳代謝の低下、親世代の介護入院や死亡により、空き家・空き地が増加している。こうした潮流は孫世代にも続くだろう。そうすると郊外住宅地に空き家・空き地が更に増加していく負の連鎖が生じることになる。

一方、郊外住宅地では、地域で活動することが難しい世帯が増加し、自治会などの地縁組織の加入率が低下し、地縁による共助の担い手が乏しくなり、コミュニティ崩壊の危機に直面している。

　人口減少により、住宅地の身近な商店街や地区センター・医療・サービス施設の閉店、撤退により、買い物に困難を伴う高齢者、いわゆる「買い物難民」が増加している。駅と住宅地を結ぶバスが、減便や廃止に追い込まれ、自家用車の交通手段を持たない高齢者など、公共交通に頼らざるを得ない「交通難民」が増加している。歩車道分離の思想で造られた歩行者専用道路、緑道は防犯上危険な空間と化し、児童公園は草で覆われ無用の長物化している。

　ベッドタウンの多くが、第1種低層住宅専用地域、風致地区、建築協定や地区計画などが指定され、厳しい規制が高齢者や子育て世代が求める「生活サービス機能」の立地を阻んでいる。

　近年の人口の都心回帰現象の一方で、都心への通勤時間が1時間を超え、駅からのバス便で、丘陵地などのある傾斜のきつい住宅地の不動産需要が低迷し、住宅地価の下落現象が生じている。

　一言でいえば、「まち」の持続性とは、ライフサイクルの変化に応じ、入れ替わり立ち代わり住むことにより、まち全体の新陳代謝が進み、様々な世代が住むことでないだろか。しかし、現実のベッドタウンは、まち全体の新陳代謝が弱体化している。

図表　序-1　鳩山ニュータウン　　　図表　序-2　横浜市栄区庄土地区

（3）ベッドタウンをどう変えるのか

　ベッドタウンの急激な人口減少、急速な高齢化に対して、住民は現状をどのように直視しているのか。終の棲家の地として安心して幸せに暮せることができるかを真剣に考えた上で、自ら抱えている課題に対し、自分ごとはみんなごと、

世間ごとと捉え、何か手を打たないと、「すでに起こった未来」が現実になることを忘れてはならない。

　このような、社会課題を住民だけで解決することは困難性が伴う。しかし、現状では住宅開発やまちづくりに係わった事業者は、郊外住宅地の問題に係わることに対して及び腰である。一方、事業者の中には、ビジネスチャンスと捉え、住民・自治体と連携して郊外住宅地再生に取り組むケースも生まれている。

　郊外住宅地問題に対して、自治体も見て見ぬふりはできず，地縁組織の再生、住民協働によるまちづくりに取り組む自治体も現れてきた。このような社会課題をこのまま放置すれば、まち全体が都市型限界集落化し、まちが消滅する危機に直面し、自治体経営の根幹を揺るがす問題に発展する。

　現在の郊外住宅地のまちづくりや自治体の活動を見ると、以前に比べて住民の力は明らかに向上してきた。地方分権の一連の改革は、自治体の自主性と能力向上が求めれている。自治体も住民と行政との協働の観点から、郊外住宅地の再生を支援する仕組みや制度を整える必要がある。

　重要なことは、ベッドタウン全体を再生することであり、それに先立って、住民自身が主体となって維持・管理・再生のマネジメントがあたりまえになっていかなければならい。

　使う人がまちのマネジメント組織を設立する。まち全体を使う人が「地域資源」を評価し、共有（シェア）することが、まち再生につながる。ベッドタウンから脱却するには、まちの現実と将来を直視し、まちの地獄絵を描き、その上で「まち」を「どう変えるか」の議論からはじめることが出発点となる。崩壊の危機に直面するベッドタウンの見えてきた課題を住民全員が共有する。その上で、まず予測される危険を防止する手立てや課題解決の道筋を描く。それを下敷きに持続可能な地域空間の姿とは何かを考える。

　このまま地域課題を放置し、ベッドタウン崩壊の道を選択するのか、あるいは、まちを使う人たちが、まちの未来を描き、崩壊の危機を乗り越え、まちを再生していくのか、その岐路に差し掛かっている。

（長瀬光市）

第1章　東京圏の郊外住宅地誕生

1　郊外住宅地とは

　戦争中、食糧難からいったん地方に流出した東京圏の人口は、経済復興とともに急速に回復し、高度経済成長により地方から東京圏に就業の場を求めて大量の労働人口が流入してきた。

　1950年代から東京圏は、一貫して転入超過となったが、70年前後に一時転出超過となる。その後、東京圏の転入超過が現在まで続いている。

　東京圏に集中する労働人口の住宅受け皿として、郊外住宅地が開発されてきた。郊外住宅地とは、経済発展を担ったサラリーマン世帯が、家族と過ごし、英気を養うベッドタウン（東京都心部へ通勤する人の住宅地を中心に発達した、大都市周辺の郊外地の都市）として移り住み、発展してきた。

　東京圏の郊外住宅地を成立させた要因は、「労働環境の変化と中産階級の出現」「モータリゼーションの発達」「地域から生産力の分離（職住分離）」である。

　①労働環境の変化と中産階級の出現

　高度経済成長時代に、経済力、生活水準において中産階級のレベルに達する社会層としてホワイトカラーが大量に生み出され、旧中間層（資本主義社会の成立以前から存在する伝統的生業基盤に立つ、自営農民や職人、自営の商工業者、中小企業主など）に代る新中間層が出現した。

　②モータリゼーションの発達

　山手線の上野、品川、渋谷、新宿、池袋の交通結節点から、郊外地に放射線状に延びた、鉄道路線の30km〜50km圏に、公共交通を利用して郊外住宅地に居住しながら都市部に通勤する人々が出現した。その後、鉄道の速達性向

上や複々線化、輸送力増強により 50km ～ 100km 圏までに郊外住宅が広がっていった。

　③地域から生産力の分離（職住分離）

　生活や暮らしの拠点と「なりわい」が一致、又は隣接している旧中間層に対し、ホワイトカラーは、職と生活が分離されたことから、「職住近接」が必要なくなった。

　移動時間短縮により郊外住宅地に居住しながら東京都心部の職場に通勤する「なりわい空間」が集積した。東京圏の経済が人口集積のメリットを活かしながら、都心部に中枢機能や産業・業務集積を図りながら、労働力を郊外住宅から公共交通機関を利用した移動により、大量の昼間人口を呼び込むことで、「なりわい空間」が成立した。

2　職住分離を前提とした郊外住宅地の地域空間

　郊外住宅地は「ベッドタウン」である。郊外住宅地は、「なりわい空間（産業・生産基盤）」もたず、東京近郊にあって都心部への通勤者の居住地となった「まち」である。夜間人口が昼間人口に比べてはるかに高く、日中は主婦と子ども、老人のまちといわれていた。郊外住宅地の地域空間は「社会的空間」と「物理的空間」により形成されていたといっても過言でない。

　当時、社会インフラ整備を伴わない無秩序な住宅開発とは異なり、計画的な社会インフラ、学校やサービス施設整備を前提にした、一体的な大規模住宅地開発であった。

　郊外住宅地の「物理的空間」は、計画開発され、社会インフラ（道路、緑道、公園、上下水道等）、生活を支える商業・医療・サービス機能や教育施設が配置された。日当たりの良い丘陵地の洒落た街並みや街路樹が彩る清潔で安全な街並み。一戸建て庭付きの広い敷地が造成された。

　住環境を守り育てるため、大半の住宅地では地域ルールとして、建築協定、地区計画などが指定されていた。郊外に庭付き一戸建てのマイホームを持つことが、サラリーマン世帯の憧れであり、理想のライフスタイルであった。

　郊外住宅地の「社会的空間」は、入居者の大半は地方からの転入者で、同質性コミュニティを形成した。郊外住宅地は、既成市街地の自治会などと異なり、一定規模の入居がはじまると居住街区を対象に開発事業者から自治会などの結成について相談され、自治会など（地縁組織）が結成された。

3　郊外住宅地の開発戦略とベッドタウン化

（1）大量住宅供給を支えた我が国の住宅政策

　我が国は、1950年代中期～70年代初頭までは、二けた台、あるいはそれに近い実質経済成長が続き、その後、1970年代中期～80年代中期にかけての安定成長経済期、80年代後期から90年代初頭までのバブル経済成長期を通じて、一貫して右肩上がりの経済成長を成し遂げた。

　高度経済成長、産業構造の高度化に伴い、東京圏をはじめとする三大都市圏への労働力の流入は、急激な都市化を招き、大量の住宅不足問題を引き起こした。溢れる人口を収容するために、公団・公社・自治体、民間企業を開発主体とした面的整備による大量の宅地開発が行われた。

　持ち家を主体とした住宅政策は1950年頃（住宅金融公庫を設立した年）から機能しはじめる。当時は、国民の大多数が貧困であったので不足する住宅の大部分は公営住宅建設で賄う。経済的に困窮していない層には、自助努力で持ち家を持ってもらうために住宅金融公庫が資金を融資する。建築基準法により技術的に最低限の安全性・防火性能を保障するという住宅政策が行われた。

　一方、経済成長期の労使関係が安定した雇用関係を生み出し、終身雇用、年功賃金制度により、企業も福利厚生活動の一貫として持ち家制度を推奨した。その特徴は階層性と一貫した持ち家政策にある。その戸建て住宅の資金は、経済成長による賃金上昇と年功賃金、公庫等による住宅ローン制度、住宅税制により確保された。

(2) 東京圏の郊外住宅地開発パターン

　1960年代〜1990年代にかけ、東京圏郊外に計画的なニュータンや大規模住宅地が開発され、大量の住宅地が供給された。郊外住宅地開発は、山林原野・丘陵地など、最寄り駅から20分〜30分程度内陸部に入った安価な土地が対象となった。

　開発メカニズムは、地価と買収価格の関係、造成費や販売諸経費、人件費、企業利益などの収益構造と購入世帯の年収との相関関係、東京から通勤距離・時間を勘案して開発地区が選定された。

　都心から放射線状に延びる鉄道沿線の5つのエリア（横浜湘南エリア、東京西部・神奈川部東部エリア、埼玉中部エリア、常総エリア、北総エリア）で、住環境、静寂さを求めて30km〜50km圏にかけ、時計回りのパターンで郊外市街地が拡大した。

　「郊外住宅地の開発動向とDID地区」を考察すると、50年〜60年代にかけて、東京都内の中央線沿線の都心部に近い、田畑や大規模工場跡地を中心に郊外住宅地が開発されてきた。同時に、東海道本線、横浜湘南エリアでは、景観に優れた高級住宅地地として、最寄り駅からバスで20分程度、内陸部に移動した丘陵地を中心に住宅地開発が行われてきた。その後、60年代後半〜90年にかけて、埼玉中部エリア、常総エリア、北総エリアへと郊外宅地開発が拡大してきた。80年代以降は、100km圏の群馬、栃木、茨城にまで開発が及んだ。

　大月敏雄（2004年度「土地利用関係研究最終報告書」）によると、東京圏の東京、神奈川、埼玉、千葉の大規模開発総量は、1970年〜2004年の34年間に、1,029件、41,926ha（5ha以上の開発）であった。また、首都圏域内では、群馬が98件、3,556ha、栃木が152件、5,443ha、茨城が241件、10,327haの大規模開発が行われている。

　高度経済成長の終焉とともに、公的機関（住宅公社・UR都市再生機構など）、民間事業者の宅地開発量は減少となった。1980年代の住宅開発量の多くは、埼玉、千葉、茨城の開発で、バブル経済時の地価高騰によって都心から遠距離にある土地での安価な住宅需要が高まったことによる。バブル期から1995年までは、

茨城、栃木、群馬の宅地開発量が、東京圏全体の開発量を上回っていた。

（3）郊外住宅地の開発戦略

　国の住宅政策を踏まえ、官民（住宅公団、供給公社、自治体と民間企業）の双方が計画的で良好な住環境と社会インフラを兼ね備えた、郊外住宅地を大量に供給するために、公的機関、民間事業者による一体的で大規模な区域で、短期間に大量の住宅地を造成供給した。

　その郊外住宅地計画を支えた計画思想が「近隣住区論」であった。大都市周辺ベッドタウンとしての大型団地やニュータウンの多くは、近隣住区論を参考に開発計画がつくられた。近隣住区の単位は幹線道路で囲まれており、人口は約3000〜6000人程度を想定していた。この範囲内にコミュニティを支える小学校、コミュニティセンター、公園などを配置し、幹線道路沿いの近隣商業や地区中心センターに商店、金融機関、郵便局、診療所などを配置した。

　住区内に通過交通が入り込み、車のスピードを防ぐため、意識的に道路を曲線形状や見通しを悪くする形状にした歩行者優先道とし、住民の日常生活は歩行可能な住区の範囲内で完結させることと基本とした。計画的に造られたヒューマンスケールの都市空間を目指したもので、都市の匿名性・相互の無関心といった弊害を地域コミュニティの育成により克服しようとする計画思想であった。

　多くの郊外住宅地は土地造成と建築物をセットで販売する方式を採用した。戦後の住宅計画は、近代住宅思想を基本に、家事導線の重視とリビングダイニングを中心に、食寝分離、子供部屋の独立、応接間を加えた間取りで、ほぼ同じ間取りの住宅が建設された。

　このような計画論をもとに、当時の郊外住宅地開発戦略を以下のように整理することができる。

　①生活サービス機能の充実

　日常生活（商業・医療・金融・教育など）のサービス施設をワンセットで備え、道路や公園、緑地、歩行者優先道、上下水道やガスなどの生活水準の高い上質なベッドタウンを整備する。

②山林・原野を活用した大規模開発

　一体的な大規模開発をするために、既存の市街地ではない、最寄り駅から内陸部に入った、農地や勾配の緩い山林原野、丘陵地などをまとめて開発し、周辺とは連担しない住環境を整備する。

③多様な市街地開発手法の活用

　計画手法として、市街化調整区域内で計画整備を行い、完成後に市街化区域に編入する手法、区画整理事業、宅地造成事業法などを用いて、一体的開発が行われた。大半の住宅地では、土地と住宅がセットで売却され、住環境を守り育てるルールとして建築協定、自主協定などのルールがつくられた。

④同質の購買層を想定

　東京圏の公共交通機関の郊外への延伸に合わせて、東京圏では、50km圏外へと郊外住宅地が広がり、圏域内の土地・住宅価格がほぼ均一であったので、立地条件（職場からの距離・公共交通との連絡等）に対応して、購買層である住民の社会的な階層も同質に近くなった。

⑤住宅双六の想定

　当時の宅地開発戦略のひとつに、住宅購買層として住宅双六で「賃貸住宅からスッテプアップして、分譲マンションを経て、いつしかは戸建て住宅に住む」ことを想定した住宅地分譲を計画した。

⑥購買層に併せた施設整備

　当時の家族構成（1世帯当たり3.5人）、働き方（世帯主が働き、専業主婦が主流、1時間半かけてでも職場に通勤する）、購買者の年齢構成（35〜50歳代）も同質であったので、教育・福祉、その他サービス施設も、その年代層の家族構成に合わせて整備された。

⑦住環境の質の向上

　住居面積や一宅地の規模がある程度大きく、道路や公園、緑地の質的・量的な確保、歩行者優先道などが、行政の宅地開発指導要綱などの誘導により整備されたので、住宅地としては水準の高い環境が実現した。

⑧同質性コミュニティの形成

　同質性を有し、中流意識を持った、第一次入居者を中心に新しいコミュニティ

を形成してきた。郊外住宅地は、全国からの流入人口で占められていたが、同質性ゆえに意思疎通が通じやすく、コミュニティが形成しやすかったといえる。

　郊外住宅地に居住してから 40 ～ 50 年近く経過すると、子世代が親世帯から離れていく傾向が顕著になってきた。世帯人数が減少し、入居当時 30 歳代が 80 歳代の高齢者となり、郊外住宅地が老いていく現象が生じている。

図表 1-1　1960 年～ 2000 年までの郊外住宅地の開発動向と DID 地区の変化

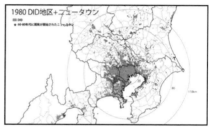

〈1960年～2000年までの郊外住宅地の開発〉
・1960年と2000年をニュータウン開発動向を考察すると、60年代は東京、神奈川の開発が先行。そのご時計回りで、地価動向とアクセスを勘案し埼玉、千葉方面に開発が移動。
・常総や北総地域のニュータウンは、多くが経済成末期に開発が行われる。
・DID地区は東京区中心部から徐々に、郊外に広っている。

出展：国土交通省資料より「パラダイム研究会」作成

（長瀬光市）

第2章　郊外住宅地の「地域空間」の変化

1　開発後の時間経過による社会状況の変化

(1) 量的充足時代から質的向上時代へ

　1950年代中期は、戦災復興期を経て経済成長がはじまる時代で、日本の経済は徐々に活力を取り戻し、一般的な生活水準が戦前並みに回復した時代である。一方、住宅面での立ち遅れが深刻化し、当時約280万戸の住宅が不足していた。

　公営住宅・公社住宅や民間住宅だけでは膨大な住宅需要に対応しきれないことから、国は1955年に日本住宅整備公団を設立した。また、経済界でも経済同友会が後ろ盾になって住宅開発を担う、(株)日本新都市開発などが設立された。

　経済が復興して生活水準が向上すると、地方から東京圏に就業の場を求め、大量の流入人口が増加し、東京圏の都市部に人口や産業が集中した。既成市街地では、増大する住宅需要に対応しきれなくなり、新たに都心部の郊外地に住宅地開発が求められるようになった。

　郊外化に際しては、都心の業務地区へ毎日通うために、高速の交通手段が大衆化していることが前提条件であった。

　1960年代、都市部において人口、産業の集積が激化する中で、住宅難、交通渋滞、地価の高騰、土地利用の混在といった都市問題が深刻化していった。不足する住宅問題はさらに顕在化する一方で、都心から20~30キロ圏の地価高騰により、30キロ〜50キロ圏に、量的充足から質的向上を求めて郊外住宅地

が遠隔化していった。

　住環境の質的な向上をめざし、すぐれた自然環境と調和した良好な居住環境を備えた住機能の充実と、教育、文化、業務、商業の機能を備えた活力ある新市街地の形成を図る方針のもと多摩ニュータウン，港北ニュータウン、湘南ライフタウンなどが開発された。

（2）郊外住宅地のポテンシャルの変化

　戦後、日本では地方から大都市圏へ大量の人口が移動し、1950年代後期から60年代中期にかけての高度経済成長期には、三大都市圏の転入超過が毎年約40万～約60万人以上にのぼった。同時期の東京圏は約25万～約37万人以上の転入超過を経験する。1970年代に入って急速に転入超過が縮小する人口移動の転換を経験する。1980年代に入ると転入超過が拡大し、85年には約15万人の転入超過となり、その後、94年以降は転入超過が拡大し、2006年は約15万人の転入超過となっている。

　このような、転入超過を前提に、郊外住宅地のポテンシャル（潜在的な需要の可能性）の変化を以下のように概観する。

　①郊外の住宅地は第一次ベビーブーム世代とその前後世代期（1960～70年）

　第一次ベビーブーム世代（1947～49年の間に生まれた人たち＝団塊世代）と、その前後の世代が郊外住宅地に大きなボリュームで存在していた。この世代は、地方から東京圏に就職を求めて流入し、結婚・子育てを契機に郊外住宅地に「終の棲家」を求めてベッドタウンに移り住んだ。団塊世代の多くが郊外住宅地で出産・子育て（71年から74年までの出生数200万人を超える第二にベビーブーム世代）により郊外住宅地は自然増を迎えた。

　②流入人口、移動の減少期（1970年～80年）

　地方からの流入人口が大幅に減少した時期で、地方から東京圏に進学・就職を一旦はしたが、その後、地方へUターンする現象が生じた。

　③都心回帰と郊外第二世代の世帯分離（1990～現在）

　経済成長時代から東京圏では、人口移動現象（ドーナツ化現象）がはじまり、

都心部や中心市街地人口が減少し、郊外の人口が増加するという人口移動現象が生じ、郊外住宅地で生活し、昼間は就業の場である都心へ通うといった現象が多く見られた。郊外のほうが住環境に優れ、経済的にも家が購入しやすく、探しやすいという理由もあった。

1990 年のバブル崩壊以後、地価下落などによって、都心部で比較的安価なマンションが大量に供給され、都心部の居住人口が回復する「都心回帰現象」がはじまった。都心部で社会増がはじまり、都心部からの転出が減少する状況が続いている。

郊外住宅地で生まれた第二次ベビーブーム世代が、結婚を契機に郊外住宅地を離れ、就業の場に近い都心部に移転し、都心部で出産、子育てをするなどライフスタイルの変化が生じている。

④ 50 年過ぎた郊外住宅地 （2000 年～現在）

郊外住宅地の第一世代がそのまま居住を続け、2000 年頃から 65 歳以上の高齢世代となり、 世帯分離により子世代が郊外住宅地から移転し、急速に人口減少、高齢化が進展している。

高齢単身者・高齢夫婦世帯が増加し、地域の困りごとが生じ、遠隔地の郊外住宅地ほど、空き家や所有者不明の空き地が多く発生している。郊外住宅地は家庭内新陳代謝が低下し、郊外住宅地全体の不動産圧力の低下傾向が著しい。

（3） 郊外住宅地の不動産圧力の低下

1990 年のバブル経済の崩壊後、東京圏の郊外住宅地の地価動向を考察すると、95 年頃までは都心部ほど地価の下落率が大きい傾向にあった。都心部の中心市街地を除き、都心部は人口・産業が集中する中で、都市施設を中心とする居住環境の整備が立ち遅れ、交通渋滞、交通事故の増大、公害の発生、土地利用の混乱といった都市問題が深刻化したことにより地価下落率が上昇した。

一方、1995 年頃までは、郊外住宅地ほど下落率が小さい傾向が見られた。郊外住宅地は計画的に開発され、社会インフラ、公共サービスが整い、生活空間を取りまく住環境や街並み景観に優れ、豊かになった国民の意識は「住環境

の質」を求めるニーズに合致していたと推察される。

　近年ではこの傾向が逆転し、都心部が地価上昇に転じている。一方、郊外住宅地は遠隔地ほど下落率が高い傾向にある。これは近年の都心回帰への影響で都心部でのマンション居住需要が増大したことや需要を狙って不動産で運用される投資信託などの投資ファンドが都心部の土地を高値で購入していることに起因しているものと推察される。

図表 2-1　東京圏宅地の距離別公示価格変動の推移

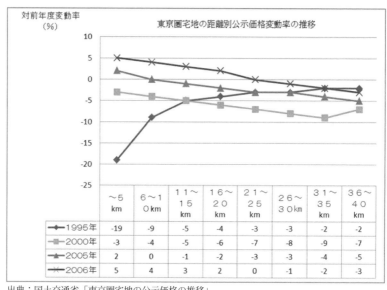

出典：国土交通省「東京圏宅地の公示価格の推移」

　郊外住宅地は、「都心までの通勤時間が1時間を超える」「1960年代から80年代にかけて開発された」「駅からバスによる移動」「丘陵地などがあり、住宅地内の傾斜がきつい」「子育てサービス、生活サービス施設が必ずしも充分でない」などの理由で、若い世代から敬遠される傾向があり、不動産需要が低迷している。

　特に都心部へのアクセスが極めて劣るバス便による郊外住宅地の下落は特に大きい。近年、高齢化社会を反映して郊外住宅地の起伏に富む地勢や高台の住

宅地域の価格下落が目立って
いる。このようなエリア一帯
は、起伏に富んでアップダウ
ンが急な道路や高台住宅地に
到達するために坂道を登り、
住宅地もひな段式造成地が多
く、高齢居住者の肉体的負担
が過重となっていることが、
買い手の不人気となり地価下
落しているケースが数多く見
られる。

図表 2-2　逗子ハイランドのまちなみ

図表 2-3　鳩山ニュータウンのまちなみ

例えば、郊外高級住宅地のバ
ブル経済期と現在の地価動向
を比較すると、逗子と鎌倉市
にまたがり開発された、逗子
ハイランドは 1 億円以上した
価格が、3000 万円台。埼玉
県鳩山町に開発された、鳩山

ユータウン松が丘では 8000 万円以上した価格が 600 万円となり、郊外の高級
宅地の衰退が著しい傾向にある。

（長瀬光市）

2　「地域空間」の変化

（1）社会的空間の変化

　近年における日本経済の急速な成長は、産業構造の変化、地域構造の変化を通じて、社会的空間の形成に重大な影響を与えた。特に、地方から教育・就業の場を求めて、大量の流入人口が東京圏に溢れた。彼らは、農村社会の普遍的に存在した、生産構造や生活構造を軸とした村落共同体の拘束から解放され、東京圏での生活の場や社会的空間において、個人と家庭が全面に押し出されてくる社会を求めた。

　一方で、自由を前提としたコミュニティの「場」、人間性を回復する「場」に対して、個人や家庭のみでは受け止めることができない、地域社会との係わりの大切さを感じていた。

　ベッドタウンのコミュニティは、計画的に整備された社会インフラ、住環境に依拠した生活防衛のための活動、豊かな生活のための活動、地域共同体としての活動など、住民による社会活動の蓄積や住民相互の交流により、同質性コミュニティが形成されてきた。同質性コミュニティから、「つながり」や「信頼」関係が醸成され、社会関係資本（＝ソーシャルキャピタル）が短期間で蓄積・形成されてきた。

　①同質性コミュニティの変化

　同質性コミュニティは、従来の古い地域共同体とは異なり、住民の自主性と責任性にもとづいて、住居＝世帯を単位に自治会などの地縁組織が形成されてきた。

　世帯内の問題は世帯内で処理し、自治会などは地域の住環境の保全・形成、交通安全、防犯・災害活動、清掃・美化活動、そして、文化祭や祭りなどの地域行事、世代別の老人会、子供会など、世帯を超えた領域で活動を行えばよい、という暗黙の役割分担ができていた。

　東京圏に郊外住宅地が誕生して40〜50年が経過した。入居当時と比べてラ

イフサイクルの変化により、子ども世代が分離して世帯人数が減少し、高齢単身世帯・高齢夫婦世帯の増加、少子化による社会活動の減退、高齢化に伴う社会活動の担い手不足など、社会活動の減退リスクが起きている。

　一方、郊外住宅地という地域社会の枠を超えた、社会貢献への思いを通じて、自発的な相互貢献の視点から、地域での子どもの貧困をサポートする、子ども食堂、高齢者への給食サービス、若い母親への子育て支援などの社会活動が活発化し、他の社会活動との相互刺激により、社会活動自体の発展・進化がみられる。

　世帯内の問題として生じてきた、買い物難民、交通難民、医療難民などが地域社会に噴出し、多様な問題を抱える住民個人を対象とした活動を行うことが自治会などに求められるようになってきた。

　②自治会などの地縁組織存続の危機

　郊外住宅地の家庭内新陳代謝や不動産圧力が低下することで、人口減少、高齢化が急速に進展している。

　このような状況下、自治会などは従来通りの組織運営や活動をしているだけでは、組織加入率や行事参加者が減少するのは当然のことであった。

　自治会などの存在感が薄くなり、マイカー、コンビニ、ＳＮＳがあれば、隣人と付き合わなくても不要と思われる傾向が現れている。その背景には、日々の仕事に追われ、地域がどのような状況にあるのか、情報も乏しく、直接関係のあること以外は、係わる余裕がない世代も多く居住している。

　一方、自治体からの要請により、自主防災組織、交通安全見守り活動、災害時の要援護者支援、広報誌の配布、地域包括ケアによる地域の支え合いなど、行政からの依頼事務が増加する傾向にある。このことが、活動量が増加するひとつの要因となり、役員の負担増や役員のなり手不足につながっている。

　世帯構成の変化、多様な価値観を持つ住民の存在により、自治会などへの加入率が減少して役員のなり手がなく、苦肉の策として１年交代やくじ引きで役員を選出するなど、組織存続の要件を欠く事態においこまれている。

　自治会などによっては、人口減少、高齢化により生じてきた「地域の困りごと」には目を向けず、世帯内の問題であり、世帯内で処理すべき問題と割り切っ

ている自治会などが散見される。

　いまや自治会活動は、地域住民の親睦、相互扶助という自治活動と上意下達的な行政の末端組織ないしは、下請組織としての機能を合わせ持つ機能に変質してきた。

　③住民組織が環境問題をリードした時代

　経済成長期、郊外宅地周辺には、都市計画道路、ゴルフ場、マンション建設など、開発の波が押し寄せ、無秩序な開発や環境破壊、日照権問題など、住環境を破壊する問題が惹起されていた。

　いち早くこれらの問題に疑問を呈し、住環境を守る活動を展開してきたのが、郊外住宅地の住民であった。住環境や街並み景観を保全するために、反対運動や処分行為の取り消しを求める訴訟も頻繁化した。地域によっては、旧来の地域ボスや労組系の市会議員、県会議員を排除するため、民意を反映した地域の推薦を受けた議員が数多く誕生した。

　住民と行政との主体的なまちづくりを通じて、行政は住民とのパートナーシップをめざした取り組みが定着した。この世代の住民は、まちづくりという視点を合わせ持ち、自己主張するだけでなく、権利と義務の関係や住民自治のあり方に関心を持つ世代であった。

　住環境や景観を重視する新住民層の動向に対して、行政は見て見ぬふりができなくなり、開発指導要綱や中高層建築物指導要綱、まちづくり条例などを制定して事前説明や合意形成の義務付けをルール化した。都市景観条例、地区計画による、地区ごとに住民が主体なって、住環境や景観保全・形成の地域ルールの導入。専門家派遣制度などを通じて、住民の声をもとにした住環境の保全など、様々な仕組みを整えてきた。少なくとも、住民の主体的なまちづくりを通じて、住民と行政とのパートナーシップをめざした、取り組みが定着した時期であった。

　④第一次入居世代は人的資本の宝庫

　入居第一世代である団塊世代や団塊前世代は、「まち」に対する愛着心とアイデンティティが強く、元気で前向きな活力をみなぎらせている。元自治会・などの役員の皆さんと懇談を通じて感じることは、「彼らはベッドタウンを『終の

棲家』と心にきめ、住み続けるまちにするために、次の世代やその次の世代に
まちづくりを継承してもらうために、限りある時間をもう一度、地域のために
貢献したい」と思っている。

　まちづくりルールや建築協定、地区計画などが指定され、住環境、街並み景
観への関心を高め、地域ルールに係わる事業者と調整・運用を通じてマネジメ
ントの大切さも徐々に醸成されてきた。

　この世代は柔軟な発想と経験を持ち合わせ、自治会などが抱える地域課題
は、必ずしも組織内で解決できるものではなく、地域の福祉協議会、活動団体、
NPO、事業者、大学などと相互協力、連携体制を築いていくことに関心を示し
ている。入居第一世代が元気なうちに、彼らが培ってきた、まちづくりのノウ
ハウを次の世代につなげていくことを願っている。

（長瀬光市）

（2）なりわい空間の変化

　郊外住宅地は、日本では「住宅供給を目的に建設された近郊住宅地─大都市
に働く人々が夜になると寝るために帰ってくる所」として、BED と TOWN を足
した和製英語である「ベッドタウン」の一形態として扱われてきた。ベッドタ
ウンには、都心へ混雑した電車で通勤し自宅には寝に帰るだけという勤労者の
平均像を含んでいる。「なりわい空間」と鉄道で結ばれている、50km 前後離れ
た都心へ団地から 1 時間以上かけて職場に通っていた居住者が住んでいた。し
かしながら、1970 年代を中心に大量の入居者を産み出した時代から 50 年近く
経って、このような「職と住の分離」を決定していた「なりわい空間」を取り
巻く環境が変化してきた。

1）職場がある場所の変化
　東京圏では、徐々に職場が東京圏内の中核都市に分散されてきた。国土交通
省作成（平成 25 年度）の資料によると、バブル期の 1986 年、東京都区部にあっ

た事業所（民営）約65万7千か所が、2010年には約54万7千所に減少している。「なりわい空間」は東京圏全体に分散してきた。

　①周辺に「なりわい空間」がある郊外住宅地では新陳代謝が進んでいる

　鳶尾団地がある厚木市では事業所が9千から1万3千か所、周辺の町田市で9千から1万2千ヶ所、相模原市で2万から2万5千か所に増加しており、敷地が分割され、若い人達にも手の届く住宅に更新されて、まちの新陳代謝が進んでいる。

　②新たに近隣に発生した「なりわい空間」がまちの成長を支える

　佐倉市にあるユーカリが丘団地周辺では、千葉市の事業所が2万9千から3万か所に増加していると共に、至近距離にある成田国際空港の事業拡大に伴い発生した各種の雇用と人数の増大がまちの成長に寄与している。

　③東京周辺県の拠点都市では、事業所・従業者が確実に増えている

　周辺県の拠点都市である横浜市が11万6千から12万2千か所へ、さいたま市が3万9千から4万3千か所に、事業所の立地数を増やしている。事業所が増えていない川崎市でも、従業者が45万4千人から51万7千人に増えており、事業所が増加している都市は従業者も増えている。

　④多様な通勤形態を持つ居住者が住宅地の新陳代謝を促す

　このように、地域空間内部に殆ど「なりわい空間」を持っていない郊外住宅地の住民の職場が、東京都心から周辺都市にも広がることにより、多様な通勤形態を持った業種や年齢層等の入居者が共生する居住環境になる可能性が増してきた。その上に、宅地価格が低下して若い世帯の入居が進むことなどにより、居住環境の新陳代謝が活発になることが期待される。

　2）働き方の変化

　「なりわい空間」そのものも急激に変わっていくことが予想される。今まで、オフィスや工場などの事業所に多くの人が集まって一緒に働いていた「なりわい空間」が、多様な働き方が生まれてくることによって、同じ場所に長時間一緒にいる必要性を低下させていくことが予想される。

　①「なりわい空間」の姿・形が多様になって行く

従来のオフィスや工場だけではなく、様々な場所、様々なスタイルで働くことになり、「なりわい空間」の姿形が多様になり、遠くにある一定時間に集まり、一緒に働くことを想定した職場への通勤形態に変化をもたらす。

②「時間に捉われない働き方」が住宅地内の住民の生活を多彩にする

国の働き方改革は、長時間労働の是正と非正規社員と正規社員の賃金など格差是正への取り組みが中心だが、民間企業では、これに先立って働き方（ワークスタイル）について「時間に捉われない働き方」と「場所に捉われない働き方」のシステムや制度が導入されている。時間に捉われない働き方は、

ア、子育期から高齢期に至るライフステージに合った労働時間のメニューが用意され、今まで硬直的であった就業規則や、役職への昇進等の基準に様々なコースができ、定年後や週末だけにあった自由時間の増大も期待される。

イ、居住地での生活と職場での就業を柔軟に組み合わせることができるようになり、通勤の時間距離や混雑した時間帯での出勤の緩和が住宅地で生活する時間帯を長く多彩にする。

③「場所に捉われない働き方」が住宅地に「なりわい空間」を創出する

場所に捉われない働き方は、既に、多様な試みが報道されているが、次のようなシステムの実践により新しい「なりわい空間」が生まれている

ア、在宅勤務（原則自宅、勤務ができる環境であればその他も可）、

イ、サテライト勤務（自社が経営乃至提携するサテライトシェアオフィスやコワーキングスペース）など

ウ、自宅が職場になったり、団地内や近隣にサテライトオフィスなどが立地して、「なりわい空間」が住宅地内のあったり、近接することによって職住分離が地域空間の基本であったベッドタウンが空間構成を変えていく。

3）それでも通勤時間の短縮はこれからも求められ続ける

「なりわい空間」の分散は、大部分の住民が遠隔地通勤であった抵抗感を緩和して、居住環境の選択の自由度を高めることを期待させるが、それでも、通勤時間の短縮は居住地選択の大きな要素であることは変わりない。

①都心回帰が増大している

　2000年代からは、若い人を中心に、長時間の通勤が嫌われてきて「なりわい空間」の距離に対する基準が、居住地選択の大きな要素を占めるようになった。職場が東京都心から分散する傾向は、通勤時間の短縮に答えることになったが、業種や本人の志向性によって、郊外住宅地よりも、都心に近いマンション等の選択、いわゆる都心回帰が増えている。

　② 2000年まで増えていた通勤時間が、2010年からは減少に転じている。

　1980年の1時間43分（往復）が2000年には2時間03分に増えたが、2010年には1時間24分に減少している（ビジネスマンの生活時間調査2010年12月）。住民の通勤時間は、公共鉄道の合理化・高速化などで改良されてきたが、「なりわい空間」までの時間距離は、郊外住宅地にとって、都心回帰や公共鉄道の駅前と競合する大きな選択要因になることはこれからも続く。

　③身近な「なりわい空間」の創出

　大規模な「なりわい空間」の創出は難しいが、公共交通機関へのアクセスの改善や居住環境全体の「社会的空間」「物理的空間」と合わせて、身近に「なりわい空間」を創出していくことが重要になる。

　4）団地内に「なりわい空間」が出来てきた

　住宅地にある公共的な施設や、増大する空き家や空き地の利活用によって、新しい都市機能を導入したり、住機能だけではない、ライフスタイルの変化に対応した生活サービス導入の可能性が高まってきた。

　①広域的な都市機能の導入による「なりわい空間」が生まれてきた

　周辺地域も含めた教育や福祉等の機能が導入されており、それらの施設には飲食施設などの機能が付加される例も多く、都市機能を担う職場と合わせて、商業サービス等の「なりわい空間」が生まれてきた。

　②生活サービス機能に対応した「なりわい空間」が生まれてきた

　郊外住宅地では、建設時より中心地区に商業施設と生活関連サービス施設が整備されたが、住民のライフスタイルの変化や事業環境などの変化により、殆どの中心施設が遊休施設となった。しかしながら、現在、従来の物販を中心とする商活動や公共関連サービスではなく、福祉や教育、交流など、いわば生活サー

ビスに対応した新たな「なりわい空間」を創出している。

　③機能を分散して小規模になったサービス施設が生まれてきた

　このような「なりわい空間」の中には、従来のように、多くの機能を複合した比較的大規模な施設ではなく、機能を細かく分散した小規模の施設も多く、又、空き家を利活用したカフェや文化活動などの為の施設も点在して、新たな「なりわい空間」を提供している。

　④住宅地内の生活を充実させるためのサービス施設が創出される

　働き方の変化によって生じた労働時間の短縮や、部分的な職住近接などによる通勤時間の短縮は、団地内で過ごす自由時間を増加させ、住民のレジャーやスポーツ、文化・レクレーション活動へのニーズを産みだし、事業者の導入や、コミュニティビジネスを生み出す起業家を地域で育てるなどして「なりわい空間」を創出していくことが期待される。又、場所に捉われない働き方で「なりわい空間」で働く人達に対しては、これまでに醸成してきた居住環境の質の高さや周辺地域も含めた地域の魅力を磨き上げて、住み続けたいと思える居住環境を持続することが重要になる。

（井上正良）

（3）物理的空間の変化

　1960年代から70年代にかけて、大都市圏への人口、産業の集中、集積をもたらした。こうした大都市圏への急激な人口増を支えたのが、住宅供給を目的に建設された都市近郊の郊外住宅地で、戦後、住宅整備公団や住宅供給公社、あるいは民間開発事業者などが行ってきたものである。そして、これらの郊外住宅地は、大都市の近郊にあって、独自の産業基盤をもたず、都市部への通勤者の居住地として、夜間人口が昼間人口を大きく上回る地域空間を形成した。こうした郊外住宅地は、今、人口減少などの大きな波にさらされている。

1) 人口減少などに伴う負の連鎖

～空き家、空き地、商業・サービス施設の撤退などの地域問題の連鎖的顕在化

今、郊外住宅地は、人口の減少や高齢化に伴い空き家・空き地問題とそれに伴う樹木、雑草の繁茂、ごみの放置などの環境問題、さらに商業・サービス施設の撤退、地域コミュニティの脆弱化など、環境豊かな郊外住宅地の姿は大きく変化しつつある。そして、その変化も多様で、かつ連鎖的に顕在化している。

図表2-4 「空き家の例」

注：管理が行き届かない空き家・空き地は周辺の環境や景観に悪影響を及ぼす。

図表2-5 「整備されたかつての地域のセンター」

注：多くの店舗が閉鎖され、かつての面影はない。

一般に、人口の減少や高齢化などの動きは、⑦生活利便性の低下（生活関連サービスの縮小、公共施設の余剰化、公共交通の縮小、行政サービスの低下他）を招き、その結果、④地域の魅力の低下（空き家・空き地・空き店舗、地域の担い手不足、地域コミュニティ力の低下、教育施設の統廃合等）を引き起こし、結果として、⑨住宅地全体の魅力の低下、劣化を進めるという、負の連鎖を引き起こす。そして、郊外住宅地でのこうした負の連鎖に、特有の背景が挙げられ、問題発生をより助長している。

①一挙に入居、そして一挙に高齢化等

郊外住宅地の特徴は、大規模の住宅・住宅地が一挙に供給されたことである。しかも、比較的同年代の世代で、世帯構成も類似している人々が入居に対応し

て、公共公益施設が計画的に整備された。しかし一方で、人口移動が硬直化し、住み替えも含め若い世代の転入が見込めなければ、人口の高齢化や少子化、そして人口の減少が起こるのは必然である。結果として空き家、空き地問題や商業・サービス施設の撤退などの様々な問題が連鎖的に発生するという構図となっている。

②交通利便性の問題と対応

郊外住宅地は、一般に、新設の鉄道駅周辺に造成されるものと、既存の鉄道駅から離れた郊外に造成されるものが多い。特に、鉄道駅から離れた住宅地では、交通利便性の面から、住み替えが進みにくく、人口の転出傾向に繋がっている。結果、少子化、高齢化や人口の減少が進行し、地区センターの衰退や小中学校の遊休化、さらにはバリアフリーの遅れなども加わって、特に、高齢者にとっての買い物などの移動を始めとした外出支援の問題が挙げられている。

こうした立地条件や交通利便性からくる問題・課題に対して、地域や自治体によっては、手づくりのコミュニティバスの実験や運行、デマンドタクシーの実施など、様々な努力が行われている。今後、交通・物流システムや技術的革新をにらみ期待しつつも、基本となる地域の「足」の確保に向けた具体的な取り組みが益々重要となっている。

③ライフスタイルの変化の問題

更に、子供世代の就学、就職、さらに結婚などの生活の変化にともない、地域への定着度が低くなるとともに、転出後の再転入が期待できなくなってきていること。それは、就労の場も含めより交通利便性の高い地域への居住願望や夫婦共稼ぎなどの生活スタイルの変化によって、都心部回帰という形で一層進行し、後継の若い世代・世帯が郊外住宅地に戻らないという構図が出来上がってきた。

2）画一的で地域リノベーションが進まない住宅地

豊かな環境を備えたものとして計画的に開発された郊外住宅地であるが、一方で、昭和40～50年代で、全国ニュータウンの約6割強が開発され、かつ平均86～120ha規模で造成・整備されるなど大規模で短期集中型の住宅地、並

びに住宅が供給された。まさに大量の住宅供給を最大の目的に整備されたことにより、画一的な住宅地の形成にも繋がる部分もあった。そして、機械的な街区割りや直線的な道路形態にならざるを得ない土地区画整理事業による開発が、そうした傾向を助長する部分があったことも否めない。さらに、三種の神器と言われる遊具などが設置された画一的な公園などが問題視されるなどの一面もあった。

　そうした中でも、建築協定や地区計画などを活用し地域独自の魅力を維持し、まちの価値の維持に努めている地区も見受けられたが、世代交代に伴う各種協定への理解の低下や空き家、空き地の発生など時代の変化に充分に対応することが出来ない地域も見受けられる。変化に対応した地域リノベーションを誘導する取り組み、仕組みづくりが進まない現状となっている。

　加えて、初期の段階に整備された郊外住宅地は、施設、建物の老朽化も進み、住宅地としての地価、価値を下げる傾向に働き、住宅・宅地の流動性を一層低下させる結果となっている。

　また、こうした課題を有する地元自治体は、高齢社会への対応を中心とした扶助費の増大に伴う厳しい財政状況にあるとともに、人口減少などを踏まえ都市全体や市街地の構造的な再生の必要性という大きな課題に直面し、個別郊外住宅地の課題に具体的に取り組みにくいというのが実情である。

3）計画的な土地利用と基盤整備をどう受け継ぐのか
〜まちの空間価値を高める取り組みへ

　郊外住宅地開発は、計画的に住宅地、商業・サービス地、緑地、さらに開発規模よっては幼稚園や学校用地も含め土地利用が配置されるとともに、道路、上下水道、公園・緑道等の基盤が整備された良好な環境を備えた地区として形成された。こうして形成された良好な住宅地環境は、多様な開発主体により行われたが、開発完了後は、一斉に撤退することが多く、その後のまちづくりは居住者に任されることになる。圧倒的な夜間住民が、住宅地のマネジメントに対する時間も手法を持ち得ていない状況で、どう地域問題に立ち向かい、かつ持続的な取り組みをどう進めていくのかが大きな課題となっている。

　こうした中で、大手私鉄を中心にした鉄道事業者によるニュータウン開発地において、新しい取り組みがなされている。それは、開発された既存住宅地も人口の減少、少子化、高齢化の波に襲われており、交通事業者として、鉄道利用者を維持する必要性からの取り組みでもある。高齢者が所有する住宅・宅地を転売し、交通利便性の高い駅周辺のマンションへの移転を促す。さらに、その旧住宅地は分割され比較的低額の住宅・宅地として若い世代に販売し新規入居者を確保するという、住み替えと新規入居者の促進というビジネスモデルが成立しつつあり、地域空間の再生、更新に寄与している。

　また、地元住民による空き地、空き家を活用した広場や菜園づくり、あるいはふれあいの場などのコミュニティ環境づくり、高齢者福祉や子育てに関わる地域活動の場づくりなど、まだ初期段階ではあるが、自ら地域に関わり周りを巻き込んで行こうとする動きが芽生えつつある。

図表2-6　「空き家の活用」　　　　　　図表2-7　「空き家を皆んなで管理する例」

注：誰もが立ち寄れる交流の場　　　　注：菜園や憩いの場、時にはビアガーデン
　　（NPOふらっとステーション・ドリーム）　　　としての利用も。

（増田　勝）

3　郊外住宅地の課題の顕在化

　入居から40〜50年が経過した初期の郊外住宅地を中心に、急速な高齢化と人口減少に直面している。

　これらの地域は、東京都心へ通勤・通学するための住宅開発が進んだ地域であり、団塊世代が多く居住していることから、人口動態上、急激に高齢者が増える要因となっている。経済成長期から約四半世紀が経過し、状況は大きく変わりつつある。世帯構成の変化による人口減少、高齢化が進み、多様化するニーズにより、様々な地域課題が惹起されている。

(1) ライフスタイルの変化と純化した土地利用規制とのミスマッチ

　郊外住宅地の多くが、居住区域が第一種低層専用住宅地に指定され、併せて、建築協定、地区計画などが指定されている。このようなまちのルールが住環境を守り育て、「まちの価値」を高めてきた。

　人口減少により、タウンセンターや近隣住区から、店舗、診療所、郵便局などのサービス施設が縮小・撤退し、高齢者の生活維持が困難となり、「消費難民」「医療難民」が一部地域で生じている。高齢化によって、高齢者が求めている、介護・福祉・医療サービスをはじめとする生活サービス機能を誘致しようにも、純化した用地地域や地域計画、建築協定などにより立地が阻まる現象が起きている。

　共働き世代の子育てを支える、保育園、子育て支援施設、学童保育、交流サロンをはじめとする子育てサービス機能について、子育て世代からの要望と純化した用地地域によるミスマッチが生じ、環境の変化や地域ニーズに適応しにくい土地利用の実態が浮かびあがっている。

(2) 人口減少、高齢化による社会インフラの社会的寿命

　これまで40〜50年以上、効果的、効率的に機能してきた、道路、歩行者専用道、公園、公共交通などの社会インフラも、人口減少と高齢化によって、住民が求める生活環境とのミスマッチが生じている。

　駅と郊外住宅地を結ぶバスの減便・廃止による移動機能の低下。高齢化に伴う運転免許の返上者、車を所有しない高齢者・子育て世代にとって、移動が困

9

難となり、一部地域では「交通難民」が発生している。このような状況から、駅とまちの中心部をつなぐ基幹ルート以外に、まちを循環する移動システムのニーズも高まっている。やむ得ず、交通難民をなくすために、地域が主体となり、社会福祉協議会などの協力を得てコミュニティバスの運行を行う事案も増えている。

　歩車分離の思想に基づき計画された、歩行者専用道や緑道は密度が低下し、高齢化率が高い地区では、犯罪発生の危険を伴う空間と化している。機能別に配置された、児童公園、近隣公園、地区公園などは、幼児・児童の減少、高齢者の増加により、利用実態に合わない、使いずらい空間と化している。

(3)「まちの価値」と「市場の価値」のミスマッチ

　郊外住宅地開発は、計画人口、入居が想定される世帯構成や年齢構成を前提に、社会インフラと生活サービス、教育機能を計画的に配置し、都心部や既成市街地にない、自然環境と調和した良質な住環境を提供してきた。併せて、まちづくりのルールをつくることで「まちの価値」を高め、「市場の価値」を生み出す、相乗効果を高める総合的な経営戦略であった。

　2つの価値が相乗効果を生み、バブル期には1億円を上回る宅地価格が郊外住宅地に多く出現した。一通り宅地や住宅が完売し、開発した企業が撤退すると、郊外住宅地の「まちの価値」と「市場の価値」の向上は、別々に取り組まれることになってきた。

　まちの外で、ブランドアピールや街並み形成に大きく影響を与える行為として不動産仲介や建売業者が、時には「まちの価値」を犠牲にしてでも、個々のクライアントとの「経済の価値」を優先するケースが問題化している。例えば、まちづくりのルールをかいくぐり、1区画を2宅地～3宅地に分けた分譲住宅、街並みにそぐわない形態や色彩の建売住宅が出現するケースである。売却時に、地域のお願いごとや建築協定などのまちのルールとして大切なことを、買主につたえずに「まちの価値」の意図が汲み取られず、最悪、建築紛争後に周囲の住民が転居に至るなど、経済活動を容認する風潮を生み出している。

　若い世代は夫婦共働きが当たりまえの社会となり、住宅の選択も郊外の持ち家でなく、充実した子育て環境と通勤の利便性が、住まいの選び方の価値基準となり、不動産価格が下落しても郊外住宅地に対して魅力を感じない現象が起きている。

　その結果、最寄り駅からでバスで移動する物件は不動産圧力が弱まり「競争力」を失い、郊外住宅地全体の市場価値が弱まり、新陳代謝が低下して、空き地・空き家が都心から遠距離にある地区ほど多く出現している。

(4) コミュニティの稀薄化と地縁組織の弱体化

　郊外住宅地では、高齢化や若者層の流出により、人口減少が急速に進展し、自治会などの地縁組織の担い手不足により、組織の存続要件を欠く事態に追い込まれようとしている。

　世帯構成の変化により高齢世帯が増加し、孤独死の防止や認知症住民の徘徊、生活の見守り、子どもの安全、空き家・空き地の管理など新たな課題が生まれている。

　高齢者は終の棲家として住み続けたいのに、買い物や家事、庭の手入れ、病院への移動など一人ではできない世帯が増加し、地縁組織のつながりや絆がゆらぎはじめている。一方で、防災や災害に対する危機管理への対応など、地縁組織の意義と役割が、あらためて問われている。

　コミュニティ内に、元気な高齢者や子育て世代の居場所がないこと。若い世代や新規に転入してきた子育て世代のまちへの関心が低いなど、コミュニティの稀薄化が進んでいる。

(5) 官・民・地域の3すくみの状態

1) 郊外住宅地問題に対する自治体の動向

　自治体は経済成長期に、計画的な郊外住宅地開発を積極的に受け入れてきた。当時、人口増加による自主財源の増収は自治体の規模拡大につながると考えら

れていた。郊外自治体の多くは、ベッドタウン人口が、行政人口の過半を占めるまでに膨張した。その結果、「村」から「町」に、「町」から「市」に昇格したケースも散見される。

　郊外住宅地の多くは、建築協定、地区計画などが指定され、住環境、街並み景観への関心が非常に高かい。自治体は住民の声をもとに住環境を保全・形成する、様々な制度・仕組みを整えてきた。住民の声をまちづくりに反映させてきた結果、住民との主体的なまちづくりを通じて、住民と行政とのパートナーシップを目指した、取り組みが定着してきた。

　郊外住宅地を抱える自治体の動向には幾つかに傾向がみられる。ひとつは、老いる郊外住宅地に危機を感じない、あるいは感じていても係わりたくないという消極的姿勢を保っている自治体。もうひとつは、人口の過半数を占めるベッドタウンの人口減少、高齢化の急速な進展により生まれてくる様々な住民ニーズを行政が担うことが財政上困難となり、地域の自立に向けて住民と多様な主体との協働による地域づくりを積極的に推進している自治体も現れてきた。

2）開発事業者などの動向

　郊外住宅地を開発した事業者は、宅地の分譲が終了するとその地域との係わりがなくなる。つまり、売りきることで住宅地から撤退するのが当たりまえであった。

　一部の事業者は、全ての宅地を分譲するのではなく、開発リザーブ用地や緑地などを保有して、市場ニーズを見据えながら、成長管理の視点から住宅地のマネジメントに係わっているが、殆どのデベロッパーは、宅地分譲が終了した時点で、その地域とのマネジメントとは縁が無くなっている。

　郊外住宅地の自治会などのヒアリングを通じて明らかになったことは、住民が人口減少、高齢化に危機意識を持ち、地域再生に向けた相談を持ちかける対象は「宅地を分譲した元事業者」であった。しかし、元事業者は「契約上、宅地販売をして瑕疵担保期間が経過したことを理由に、相談に応じることはできない」との回答が大半を占めている。

　近年、鉄道会社が分譲した沿線の郊外住宅地に「まちの価値」と「経済の価

値」の相乗効果を上げて企業価値を高める戦略に基づき、住み替えシステムなども提供がはじまっている。事例として横浜市と東急電鉄は、田園都市沿線の「次世代型まちづくり」を推進するための基本協定を締結し、郊外住宅地の課題解決に取り組んでいる。

　宅地開発を通じて上下をセットで分譲したハウジング企業が、建て替え需要を想定して、住民と連携してまちづくりに取り組むケースが少しずつ生まれている。事例として横浜市栄区ネオポリス自治会と大和ハウス工業（株）が街づくり協定を締結した。

　1974 年に分譲開始した大型団地「上郷ネオポリス」で、協定に基づき、コミュニティ施設併設型のコンビニエンスストア「野七里テラス」が 2019 年 10 月に開設された。今後は既存施設のリノベーションやインフラ再整備など、ハード面を整えるだけではなく、さまざまなイベントやサービスの仕掛けを通じて「生涯このまちで暮らしたい」と感じてもらえるようなまち再生をめざしている。

　このように、空き家の再生と流通を通じて、まち再生のビジネスチャンスと捉え、ビジネス化を検討する企業も少しずつ生まれてきたが、いまだ試行錯誤の段階といえる。

図表 2-8　住民が運営する野七里テラス

出典：大和ハウス工業ホームページより

（長瀬光市）

4 環境変化を放置した場合の地域空間の姿

　郊外住宅地は、大都市部での人口急増を受けとめる場所として、郊外部に大規模に短期間で整備され、年齢、職業などが類似した世帯が職住分離するという形で入居した。しかし、近年の人口減少や高齢化の動きを起点に、空き地・空き家問題や環境問題、そして地価の下落へと一層の人口減少、地域の衰退を引き起こすという「負の連鎖」へと入り込むことになった。

　ここでは、こうした「負の連鎖」に伴う郊外住宅地の劣化する姿を想定することにより、今後のあり方についての検討の基礎としたい。

（1）進行する都市型限界集落化

　総人口の減少傾向に相まって、郊外の住宅地も当然人口の減少に見舞われる。それは少子・高齢化を伴って進行する。一時期に大量に移り住んできた住民層が一挙に高齢化し、高齢世帯化、単身高齢世帯化し、まさに都市型限界集落化していく。そのことは、地域の商業・生活支援サービスや福祉・医療サービス、さらには地域の健康・交流活動のための施策や施設整備などのまちづくりが一層求められることになる。さらに、郊外2世世代や子育て世代などの都心回帰などのライフスタイルの変化に対応できずに空き家・空き地がますます増加するだろう。

　そして、元々の職住分離スタイルの郊外住宅地形成により、各世代に応じた雇用や働く場が身近に確保しにくいという現実。さらに、他地域から移り住んできた開発提供型の住宅地で、自治会を中心に問題対応や短期的活動は行われてきたとしても、まち全体を新たに作り変えていくという活動が成立しにくいという傾向にある。

　こうした多様な状況と問題が内在、複合化して発生している郊外住宅地は、まさに「このまま行けば」、居住者人口の減少と残留した人々の高齢化が進行し、都市型限界集落化が急速に進行することは想像に難くない。

（2）深刻化する住宅地環境の劣化とコミュニティ力の低下

　郊外住宅地の土地利用は、用途地域や地区計画が純化型であり、二世帯住宅の建設や敷地分割が制限されるとともに、カフェやレストラン、コンビニエンスストアのようなにぎわい交流施設や日用店舗施設の立地困難性など、住み手の生活スタイルの変化に対応できない状況にある。さらに、道路、上下水道等の基礎的インフラは整備、維持されつつも、生活支援施設の劣化（公園・緑地他）や撤退（教育施設、商業系サービス施設他）なども進みつつある。

　特に、今後、地域に生活の軸足を置くことになる高齢者が、歩いて暮らせる範囲内で買物や仲間と食事や交流する場所、デイサービス、ショートステイなどの福祉介護施設が自宅周辺にないなどの状況も見受けられる。さらに、防災、安心・安全面でのハード・ソフト上の対応も一層求められるだろう。

　身近な緑地環境の維持や活用の困難性、空き地、空き家の維持、管理、活用が、高齢化や地縁組織の機能低下の中で困難さを増し、住宅地環境の劣化と相まって住み続けられない住宅地へと着実に進んでいくことが十分に予想される。加えて、地域の担い手不足、コミュニティ力の低下を引き起こす結果となり、頻発化する防災、安心・安全上の問題への対応も一層深刻さを増すだろう。

　こうした一連の流れが、地域の魅力の低下、具体的には地価の低下を招き、土地の流動性をさらに低下させ、「売ろうとしても売れない、売っても低価格」という状況を作り出しつつある。こうした状況は、郊外住宅全般に拡大している。

（3）展望を持ちえない郊外住宅地の拡大

　人口の減少や年齢構成の変化に伴い、住民生活上の必要性にもかかわらず、既存のさまざまなサービス施設の立地が困難になっている。特に、民間の商業系のサービス施設の立地についてはその傾向がますます顕著になっている。買い物難民など地域住民の暮らしはますます不便さを増している。

　求められる、医療・介護、商業・交流など生活に必要な施設がない地域が続

出し、併せて、地域の人口減少は公共交通の維持を困難にし、地域での生活利便性が低下するなどの動きは、既に各地で観られる。このまま行けば、各地で、当たり前の「姿」として表れてこよう。

　一方、各市町村では、税収面での弱体化や特に扶助費の増加に伴い、対応が求められる地域の課題に十分に応えきれない状況は一般的に明らかとなっており、自市町村内の近郊住宅地で発生している諸問題にスピーディに対応できない状況が、今後とも増加するだろう。このまま行けば、地域の暮らしや環境を維持するための行政投資はますます増大することが予想されるが、現在の行財政の状況からすれば、サービス、施設の維持、撤退も含めた厳しい政策選択を自ら行うか、なし崩し的に現状を続けざるを得なくなることは明らかである。

　また、協働という視点からの取り組みを模索しつつも、行政はもとより、地域、民間企業が一体となりながらの取り組みも未だ不十分であり、地域、そして行

図表 2-9「環境変化に伴う地域空間上の課題」

項　目	課　題　の　概　要	
居住者	・開発時期に比例する居住者の高齢化 ・郊外 2 世代・子育て世代の流出・減少　　人口減少 ・地域の担い手不足、相互扶助機能　　コミュニティ 　の低下　　　　　　　　　　　　　力の低下 ・職住分離型の生活スタイル ・まち全体の価値を高めていく考え方が成立しにくい(個 　人財産重視・コミュニティの熱度の問題)	●進行する 都市型限 界集落化 ↓ ●深刻化する住宅地環境の劣化とコミュニティ力の低下
施設・建物等	・身近な商業・交流サービス系施設の立地困難(土地利 　用上の制約) ・公共等施設・建物等の老朽化・撤退 ・緑地環境の維持・活用の困難性 ・空家・空き地の発生(流動性が低い〜地価・環境問題)	
暮らし 行政	・医療・介護、商業、教育、交流など生活に必要な施設 　の撤退(立地・維持できない) ・公共交通等利便性の低下 ・防災、安心・安全環境への対応 ・行政サービス需要の増大と公的な施設・建物の維持・ 　管理費の増大	↓ ●展望を持ちえない 郊外住宅地の拡大 ↓ 郊外住宅地の危機 (消滅?)

政は、長期的展望を持ち得ないというのが実態であろう。結果、深刻な状況が続く中で、消滅の危機性さえはらむ郊外住宅地が拡大することになる。

　今、郊外住宅地は、人口減少を契機として「負の連鎖」に陥り、結果として「負の遺産」として取り残されようとしている。特に、都心地区における超高層住宅等の大量供給の動きは容積率緩和の動きも含めて進行し、郊外住宅地の更新を困難にし、持続性を一層、困難にしている。郊外住宅地は、危機的状況にあると言わざるを得ない。

（増田　勝）

第3章　郊外住宅地の現状と試み

1　何故、5つのエリアを選定したか

　三大都市圏を中心に、地方から大都市圏へ就業の場を求めて大量の人口流入が起こった。特に東京圏は、1954年〜70年にかけて地方からの転入超過が続いた。東京圏の既成市街地では、増大する住宅需要に対応しきれなくなり、郊外部は急増する人口の受け皿として、新たに大都市周辺部において大規模宅地開発が進められた。

　東京圏の郊外住宅地開発は、はじめに都心から20~30ｋｍ圏内の畑地や大規模工場跡地などで開発が進んだ。その後、量的な拡大と質の重視が求められ、郊外地の山林や丘陵地などを求めて遠隔化が進展し、30~50ｋｍ圏に住宅地の環境と質を重視した住宅地開発が行われた。

　郊外地の宅地開発は、都心から放射線状に延びる鉄道沿線の5つのエリア（横浜・湘南エリア、東京西部・神奈川東部エリア、埼玉中部エリア、常総エリア、北総エリア）で、住環境、静寂さを求めて計画開発(戸建て住宅や集合住宅)が行われてきた。

　ケーススタディ地区の選定の前提として、都心から50キロ件圏に位置した5つのエリアで計画開発された、戸建住宅地から7地区を設定した。計画開発された戸建て住宅地は、社会インフラが整備され、広い敷地の連担による、良好な居住環境が形成さている。また、世代、家族構成、年収、学歴、都心への通勤（職住分離）などの生活履歴が同様な移住者は、郊外住宅地に同質性のコミュニティを形成してきた。

　特に、計画開発された戸建て住宅地を選定したのは、集合住宅と比較して権利関係が複雑でない。建築協定・地区計画などによる保全・形成活動が活発で

あること。自然環境が保全され、低層で良好な街並みか形成されていること。集合住宅団地と比較し，自治会・ボランティア活動などが活発であること。その上で、次のような条件を設定した。

①開発主体

民間事業者又は公的セクター（UR都市再生機構など）を選定。

②宅地開発時期

1960年代、1970年代、1980年代に計画開発された、戸建て郊外郊外住宅を選定。

③開発計画

小中学校区程度のまとまりのある区域で、道路・上下水道・公園・緑地などの社会インフラ、商業・金融・生活サービス、教育施設などのサービス機能が整備された地区。

④最寄り駅から住宅地までのアクセス

駅からの移動手段がバス又は、新交通システムで移動する地区を選定。

⑤地域ルール

住環境を保全・形成するために建築協定、地区計画、住民協定などの地域ルールが存在している地区と地域ルールが存在しない地区を選定。

⑥分譲終了後の事業者の動向

計画開発が行われ、宅地分譲が終了すると、民間事業者が撤退するケースと民間事業者が成長管理に責任を持つケースを選定。

このような条件から次のような、5エリアから7つの戸建て宅地を選定した。

（長瀬光市）

図表3-1　ケーススタディ選定地区一覧

エリア	地区名	開発主体	開発時期	開発面積	移動手段	ルール	撤退有無
横浜湘南	湘南桂台	大林不動産	72～78年	70ha	バス	地区計画	分譲後撤退
	庄戸	三井不動産	73年	50ha	バス	地区計画	分譲後撤退
	今泉台	佐藤工業三菱地所	65年72年	100ha	バス	建築協定	分譲後撤退
東京西部・神奈川東部	嵩尾団地	住宅都市整備公団	72年	87ha	バス	なし	分譲後撤退
埼玉中部	鳩山ニュータウン	新日本都市開発	74年	140ha	バス	建築協定	分譲後撤退
常総	竜ヶ崎ニュータウン	住宅都市整備公団	77年	674ha	バス	建築協定	分譲後撤退
北総	ユーカリが丘	山万	77年～現在	150ha	新交通システム	建築協定	マネジメント続行

2 郊外住宅地の動向とまちづくり活動

（1）「横浜・湘南」住み続けるまちにするための自治会を中心とした「まちの再生」（横浜市栄区湘南桂台自治会）

１）横浜市栄区「湘南桂台」地区の沿革

　横浜市栄区湘南桂台地区は、市の南部に位置し、東は金沢区、磯子区、西は戸塚区、南は鎌倉市、北は港南区に接している。地区の東西に、狛川が流れ、その東側・南側を三浦半島に連なる丘陵地がとり囲むように広がっている。

　住宅開発は、大林不動産が開発主体となって、1972年〜78年にかけて大規模開発が行われた。開発面積70ha、2,178戸の宅地が開発され、75年頃から入居が開始された。道路網計画は、12ｍの地区集散道路に4.5ｍの区画道路が配置され、区画道路に囲まれた街区に宅地割がされている。

　平均宅地規模は210〜220㎡。地区内には、地区公園が2箇所、近隣公園1箇所、桂台小学校・中学校、大規模商業施設が配置されている。用途地域は、主に第一種低層住宅専用地域（建ぺい率40%、容積率80%）が指定されている。

図表3-2　湘南桂台地区中央道路の街並み景観と湘南桂台自治会区域図

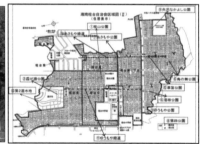

出典：湘南桂台自治会資料

２）どのように自治会はつくられたか

　入居がはじまり、住宅が80軒になった頃、事業者と横浜市の関係者から、自治会を創設するように助言があり、1977年4月に湘南桂台自治会が創設さ

れた。当時、横浜市は飛田革新市政であったことから、入居してきた労働関係幹部や労働系金融機関の幹部を自治会長に推薦し、自治会活動がはじまった。その後、事業者などが推薦する会長選定方法に疑問の声が上がりあがり、会長立候補制による会員投票の選挙手法が導入されたいきさつがある。

約1,600世帯を構成員とする巨大な自治会組織は、情報の円滑、迅速な伝達を図り、地域の特性にあった、活力ある地域活動を実現するため、地域全体を81の班に分けて班長を置き、3～4つの班で組を構成し、組を構成する班の班長の互選で理事を選任している。班長・理事は役員で、理事会は総会に継ぐ意思決定機関となっている。理事、班長は、理事会に属するとともに、執行機関である専門委員会のいずれかに属している。

湘南桂台自治会活動の特徴は、企業組織のシステムを自治会組織に持ち込み、意思決定機関と執行機関を分離、早くからパソコンやインターネットを導入し、効率的、機動的な自治の仕組みを構築し、地域の住民組織は自治会を中心に関係団体と連携する仕組みをつくってきた。

3）何が起きているのか

湘南桂台地区（桂台北、桂台中、桂台東、桂台南一丁目、桂台南二丁目で構成）の人口は、5,883人で、世帯数は2,273世帯（2015年国勢調査）となっている。本郷中央・上郷西地区の中で一番人口が減少し、急速に高齢化が進展している。

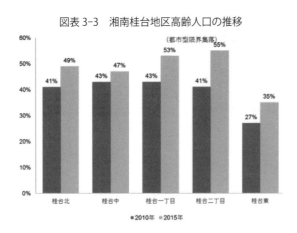

図表3-3　湘南桂台地区高齢人口の推移

すでに2つの街区が都市型限界集落（65歳以上が50％を超える街区）となり、生産年齢人口の減少が顕著で、高齢化が急速に進展し、高齢単身・高齢夫婦世帯が全世帯数の44.8％を占めている。

一方、急激な高齢化

と人口減少の進展によるシャッター商店の出現など買い物環境の激変、一人住まいの孤独死問題、高齢者世帯の買い物、庭の掃除、通院の手助けなどの生活支援。高齢者にとって傾斜地にある住宅からバス停までの移動の困難性、空き家・空き地の増加と維持管理など、老いる郊外住宅地ゆえの問題が惹起されている。

4）住み続けるためのまちづくり活動

①加入率100%の自治会が空き地などを管理

湘南桂台自治会は「住民自治」に依拠し、自治会区域を自治会の領土みなし、自治会に入会しない居住者が増加すれば、自治会会員以外に、地域ルールが及ばなくなる。その解決策として自治会加入率100%をめざす方針を打ち出している。

自治会費は、正会員年額4,800円、2世帯住宅会員及び準会員（空き家・空き地の所有者）年間2,400円、環境整備分担金一区画当たり60,000円（地区内に宅地を取得し、新たに正会員、準会員になった方）と定め、ほぼ自治会加入率100%を維持している。準会員の自治会加入により、自治会が空き家・空き地の維持管理に関する情報提供や空き地の管理を行い、住環境の維持を効果的なものにしている。

②地域ルールにより住環境を守る

開発当初から「建築協定」が締結され、低層住宅地の良好な住環境を維持・保全してきた。しかし、建築協定期限切れに伴う更新を行うたびに、協定に同意しない宅地が増加した。自治会は、問題解決を図るためにまちづくり委員会を設置し、地区計画への移行を前提に全世帯アンケートを実施した。

大多数の同意を得た事項を法的拘束力が強い地区計画に移行する。概ね理解が得られた事項は、地区計画を補完する地域独自のルールとして「まちづくり指針」とする併用案を提案し、住民の賛同を得て2001年5月「湘南桂台地区計画」が指定された。まちづくり委員会は、地域独自ルールの「まちづくり方針」と「地区計画」を根拠に、建築計画を予定している設計者・事業者との定期な協議・調整を行っている。

③地域の困りごとを支えてきた「グループ桂台」

高齢化社会に備え、地域の困りごとを地域で解決し、住み続ける地域にする

ために、2008年に、非営利の有償で生活支援を行う団体、「グループ桂台」を創設した。活動内容は、「家の掃除」「調理による食事の提供」「高齢者の介助・付添い」「庭の手入れ」「育児支援」など、利用料金一時間当たり800～1,000でサービスを提供している。

　創設して10年頃には、利用会員118人、協力会員100人で、活動状況は年間3,500時間に及び、なお利用希望者が増加している。まさに、地域の高齢化を先取りした試みが、住み続けるまちづくりにつながる活動といえる。

　④団塊世代の大量退職を見据えた「桂山クラブ」へ組織変更

　自治会会員の多くが、団塊世代の大量退職時代をむかえ、企業戦士たちが続々と退職する時期と重なった。このような状況を踏まえ、2000年11月「桂山クラブ」と呼称を変えた老人会が、趣味を同じくする人たちの集まりに組織変更した。

　現在会員数は、約500人で日本一大きな規模を有する組織体である。他地区からの参加は、推薦制度によって認められ、外にも開かれた仕組みになっている。クラブ運営は、高齢者の趣味の多様化、知的・経験レベル差の広がりから、地域の内の優れた人材・指導者を見出して活動への協力を求め、参加してもらうため、指導者と責任者を分離した仕組みにしている。現在クラブには、文科系サークル12、スポーツ系サークル8、地域交流サークル1が活動している。まさに、余暇をエンジョイする自治会運営のカルチャー、スポーツクラブといえる。

　⑤引きこもり高齢者の「桂山クラブ」デビュー

　市内でも有数の高齢化先進地として高齢者の介護予防、引きこもり防止などの活動に取り組んでいる。例えば、地域の高齢者が誰でも参加者ができるように、会員一人一人の健康状態、体力の状況を考慮する。その上で、高齢者による体力・能力の低下や消極的気質から、趣味を中心とする各種サークル活動に参加できない会員のため、従来の親睦会的なおしゃべり会に工夫を凝らした「トーキング」サークルなどを用意するなど、住み続けるまちにするための挑戦が行われている。

　⑥ライフスタイルの変化に対応した介護・福祉機能の誘致活動

　湘南桂台の第一世代として入居した住民も後期高齢者世代となった。老後を

助け合ってこの地域で生きていこうという動きが生まれ、障がい者や高齢者支援の要望が会員から寄せられた。

自治会も賛同し、桂台まつりを共同開催している周辺自治会に呼びかけ、介護施設誘致運動を展開した。その結果、1999 年 5 月本郷地域に「訪問の看護施設（診療所併設）」「多機能型拠点さと」「桂台地区ケアプラザ・サポートセンターみち」の高齢者支援施設から構成される、地域ケアプラザが開設された。

更に、自治会が中心となり、空き家や高齢単身住宅の一部を間借りして高齢者サロンを複数運営し、高齢者の居場所と交流の場が生まれている。

⑦消費難民を防ぐ「自治会と企業」との連携

消費難民化を防ぐために、地域の大型店の経営を安定させることを目的に、自治会連合会との協働による「ミセコン」、地域大型店利用促進運動、2 階フロアーの一部のコミニティスペースの設置など、店舗と自治会による連携作戦が推進されている。

住み続けるまちにするために、住環境を守り育てながら、生活必需品を身近に買いそろえられる環境を維持できことが買い物難民をなくすことにつながっている。

（2）「横浜・湘南」行政の後方支援による住民主体の「まちの将来ビジョンづくり」（横浜市栄区庄戸自治会）

1）栄区「上郷・庄戸」地区の沿革

横浜市栄区上郷・庄戸地区は、柏尾川沿いの豊田地域と東側の狛川沿いに広がる本郷地域からなる。更に本郷地域は狛川沿いの低地の旧本郷村地域と狛川を挟む丘陵部、北の本郷台・小山台地域と南の桂台地域、東側の上郷地域より構成されている。

上郷地域に属する庄戸地区は、1973 年に約 1,300 区画が三井不

図表 3-4　丘陵地に開発された庄戸地区

動産により開発された。丘陵部一帯は戸建て住宅を中心とした住宅地を形成している。その大半が、第1種低層住居専用地域（建ぺい率30％、容積率80％）、風致地区が指定され、平均敷地規模260㎡である。住宅地は本郷台駅、港南台駅からバスで、約20分で結ばれている。

2）何が起きているのか

　庄戸地区は1丁目〜5丁目で構成され、2015年現在世帯数1,460戸、人口3,221人、高齢比率47.3％である。世帯数の減少が著しいため、人口が急減して高齢化が急速に進展している。すでに1丁目〜3丁目街区では都市型限界集落化し、他の街区でも高齢者人口が47％を超えている。特に生産年齢人口の減少が顕著で、高齢化が急速に進展し、高齢単身・高齢夫婦世帯が全世帯数の47.2％を占めている。

　一方、現地を歩いて気がつくことは、空き家があまり見当たらないことである。元自治会長に伺うと「当初からの入居者が高齢化して高齢単身・高齢夫婦世帯になっても、今も住んでいる。子ども世代の同居や相続による居住継続も少ないようだ」と語っている。

　高齢者にとってバスが頼りである。丘陵地の坂道は歩行者にとって大変不便である。地区の人口減少、高齢化とともに、2002年には地区内のスーパーの撤退や商店の空き店舗が増加するなど、高齢者にとって、買い物や病院への移動が困難な状態になっている。

　元自治会長の話によると、「このような状況下でもこのまちに住み続けていたい高齢者世帯が多く、買い物、掃除、草取り、移動などの

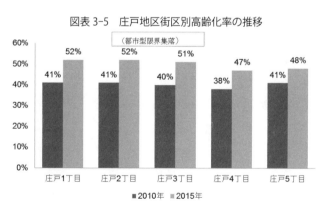

図表3-5　庄戸地区街区別高齢化率の推移

困りごとの支援だけでなく、中期を見据えたまちの再生が必要である。」と語っている。

3）住み続けるためのまちづくり活動
①行政の後方支援による「まちの再生」が始動

栄区では、1960 年〜 70 年にかけ、郊外住宅地開発を機に同世代の働き盛りの人々が一斉に流入してきた。その後、まとまって高齢化を迎えたことで、まちの活力低下や空き家・空き地の増加による街並や住環境の悪化。防災・防犯など、街の安全・安心への懸念が見込まれ、これらの対策を考えていくことが必要と考えた。そこで、従来型の都市整備ではなく、栄区で営まれる区民生活の質の向上を中心に据えたまちづくりについて、区民と一緒にあるべき姿を整理するために、区主催の「栄区まちづくり懇談会」を設置し、提言を 2011 年度にまとめた。

その骨子は、「行政が主体となったハード・ソフトのサービスだけではなく、地域・企業・行政がより連携した取組みや地域コミュニティの充実・強化が求めている」として、以下の 4 つの提案を取りまとめた。

ア．街の活力・活気を将来にわたり持続するため、若者世代・子育て世代の流入を促進する。

イ．現区民の将来に向けた「安心して余生を過ごせる生活環境の整備」「絆を意識できる地域コミュニティの醸成」を図る。

ウ．思わず住んでみたくなる「まちらしさ」と「楽しさ」のあるまちの演出を実現させる。

エ．多世代が便利で安全に暮らせる「交通利便性」「災害への備え」「就業・社会参加機会」が確保されたまちなどが提言された。

②庄戸地区住民主体の地域づくりの始動

提言を受けて、庄戸地区の五町会有志２０数名で「五町会協議会」を結成し、地域の元気づくり運動をはじめた。その活動は、庄戸クリーンアップ作戦や多世代交流「はなみずき」や子育てサロンを上郷地区センターなどで展開した。

その活動が、今まで余りコミュニティ活動には縁遠かった子育て世代の参加

を得て好評であった。第2世代の新規転入者や若年層に呼びかけて、ワイガヤ会議「庄戸の未来を考える」サロン活動も行った。

　こうした取組みをもとに、2016年度には「上郷東地区まちの再生・活性化委員会」が横浜市をオブザーバーに迎えて庄戸五町会ではじまった。2016年度～17年度の2年間で、「まちの再生・活性化委員会」は3つの分科会で、具体的なまちづくり行動計画をまとめている。

　　ア．閉校になった中学校を多世代が活き活きと暮らすまちを支えるためのサービ機能の転換方策と事業運営手法を研究する。

　　イ．都市計画道路上郷公田線開通に伴う交通利便性の向上策とバス路線新設やコミュニティバス導入を具体化する。

　　ウ．地区センターでの「寺子屋タイム」や庄戸サロン「すくすく」を発展させて小学校高学年や中高生の放課後の居場所づくりを実現する計画を取りまとめた。

　庄戸地区の優れた住環境や住民の取組みを発展させるため、この計画を前提として短期的な対処療法的な「困りごと解決活動」を土台に、中長期の視点から、住み続けるためのまち再生」ビジョンが描かれた。

　4）これからのまちづくりの方向

　「まちの再生・活性化委員会」の具体的なまちづくり行動計画を踏まえ、庄戸地区の優れた住環境や住民の取組みを発展させるためのこれからのまちづくりの方向が見えくる。

　①地域ルールを次世代に活かす

　庄戸地区のゆったりした敷地面積は栄区内だけに留まらず、近隣地域をみても数少なく、地区の貴重な価値の一つであると考えられる。建築協定や風致地区による区画分割の規制は、土地の処分や相続から規制緩和の声もあるが、不動産価格と比較して良好な住環境は転入第2世代にとっても大きな魅力的な場所になる。地域独自のルールによる住環境の維持は、地域の大きなブランドになり、不動産価格の反転上昇にも将来的につながる。

　②自然環境と良好な街並みは地域の資源

　周辺には横浜自然観察の森・金沢自然公園・氷取沢市民の森・瀬上市民の森、（仮）猿田地区自然の森等自然緑地が多く、これらの地域資源の価値をうまく発信できれば、庄戸地区は横浜の別荘地的イメージも形成が可能となる。

　③道路網の整備は地域価値を向上させる

　上郷公田線の開通により環状４号原宿六浦線１本に頼った道路交通環境から、環状４号と上郷公田線の２本の道路につながり、交通利便性は大きく向上する。港南台駅方面だけでなく本郷台・戸塚駅方面や大船駅方面へなど広域的なアクセス性が高まる。この結果、あるいは不動産価格の下げ止まりに寄与する可能性が高い。

　④廃校を活用した交流機能の充実

　上郷地区センター、庄戸会館など地域の交流拠点に加え、旧庄戸中学校が地域・行政・民間事業者の連携で地域交流拠点として動き出せば、更に地域活動が充実し、現住民が「安心して余生を過ごせる生活環境の整備」「絆を意識できる、地域コミュニティの強化」を実現する。更には「若年世代・子育て世代の流入促進」により多世代がいきいきと暮らすまちへと変貌していく。

　⑤第一世代の経験と知恵をまちづくりに活かす

　第一世代は高齢化しているが、まだまだ元気に活躍している人材が多い印象を受ける。第二世代や主婦層を巻き込み地域まちづくりの発展につなげていく。

　第一世代の入居者である団塊世代は「まち」に対する愛着心とアイデンティティが強く、元気で前向きな活力をみなぎらせている。彼らは次の世代やその次の世代にまちづくりを継承してもらうために、限りある時間をもう一度、地域のために役立ちたいと思っている。

　このような取り組みは、団塊の世代が音頭とって、地域の問題に耳を傾け、その問題に解決に向けて熟年世代や子育て世代を取り込みながら、住民間で協働する活動といえる。

　行政は団塊の世代の活動経験を活用して、後方支援に回わり、団塊世代が多様な主体と連携するなど「新たな協働」の試行がはじまっている。

（3）「横浜・湘南」町内会の限界を支える「タウンサポート鎌倉今泉台」
　　（鎌倉市今泉台町内会）

1）鎌倉市「今泉台」地区の沿革

　今泉台住宅地は、鎌倉市の東北部、鶴岡八幡宮や建長寺の裏山に位置する丘陵地で、周囲が風致地区に指定された閑静な郊外住宅地である。鎌倉湖の愛称で親しまれている「散策ガ池森林公園」を取り囲む形で、1964 年～ 65 年に佐藤工業、71 年～ 72 年に三菱地所により、大規模な宅地開発が行われた。

　地区の大半は、第一種低層住宅地域（建ぺい率 40％、容積率 80％）が指定され、平均敷地規模 200 ～ 220㎡、建築協定が締結され、良好な居住環境が形成されている。当該地区へのクセスは、バスで大船駅から約 20 分程度で、結ばれている。

図表 3-6　鎌倉市今泉台地区の全景

2）何が起きているのか

①人口が急減して高齢化が急速に進展

　今泉台地区（今泉台 1 丁目から 7 丁目地区で構成）の人口は 4,880 人で、世帯数は 2,027（2015 年国勢調査）である。地区人口は 2000 年と 15 年を比較すると 13％減少し、高齢者は 17％増加している。15 年の高齢化率は 45.6％で、人口が急減し、高齢化が急速に進展している。

　高齢化率は今泉台 7 丁目が 48.5％、3 丁目が 47％と都市型限界集落の一歩手間まで進展している。今泉台地区の中央部には、二階建て長屋形式の日用買回り品を中心とした、小規模商店街が立地しているが、人口減少と急激な高齢

化により空き店舗が拡大している。

　鎌倉市全体の人口は、2000 年と 15 年を比較すると 2 ％増加し、15 年の高齢化率 30.5 ％と比較して、60 年代に開発された郊外住宅地の人口減少、高齢化が進展しているかがわかる。

②地縁組織の機能低下

　郊外住宅地は、既成市街地の町内会と異なり、一定規模の入居が始まると居住街区を対象に開発事業者から町内会の結成にかかわる相談を受けて結成された。郊外住宅地に居住して 50 年近く経過すると、単位となる世帯人数が減少、高齢単身・高齢夫婦世帯が急増し、家事や介護の負担が重くのしかかるようになり、地域活動に参加することが難しい世帯が増えてきた。こうした状況下では、町内会が従来通りの組織運営や活動をしているだけでは、組織加入率や行事参加者が減少するのは当然のことであった。

　町内会を最低限機能させるために、1 年交代の輪番制による班長や町内会役員を選出せざるを得ない状況となってきた。一方で、町内会には、多様な条件を抱える住民個人を対象とした活動を行うことが求められるようになってきた。

図表 3-7　街区別人口と高齢者数の変化

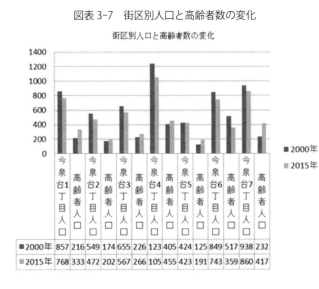

	今泉台1丁目人口	高齢者人口	今泉台2丁目人口	高齢者人口	今泉台3丁目人口	高齢者人口	今泉台4丁目人口	高齢者人口	今泉台5丁目人口	高齢者人口	今泉台6丁目人口	高齢者人口	今泉台7丁目人口	高齢者人口
■2000年	857	216	549	174	655	226	123	405	424	125	849	517	938	232
2015年	768	333	472	202	567	266	105	455	423	191	743	359	860	417

3）住み続けるためのまちづくり活動

①今泉台の明日を考えるプロジェクト

　老いる郊外住宅地の現状を鑑み、2011 年、今泉台町内会の臨時役員会で、

中長期の視点から３つの重点課題が提起された。

　ア．空き家・空き地の増加による、まちの活気が失われることへの不安。

　イ．東京のベッドタウンとしての役割しかなかった新興住宅地では、高齢者、
　　　子育て世代を支えるサービス機能が不足。

　ウ．高齢者にとって地域の中で暮らし続けるためには、買い物や移動が不便
　　　なことが確認された。

　この３つの重点課題を解決するために、町内会の役員ＯＢ８人で「今泉台の
明日を考えるプロジェクト」が結成された。その活動として中長期的な課題の
抽出を行い、取組むべき課題の優先順位を明確にした。

　このよう活動が鎌倉市の目に留まり「長寿社会まちづくりプロジェクト」を
産官学民で立ち上げた。検討の結果、地縁組織としての町内会の限界を支える、
中長期の視点から地域課題を解決し、住み続けるまちにしていくために「町内
会とNPO組織の両輪」によるエリアマネジメントの仕組みづくりが提案された。

　②町内会の限界を支える NPO 組織の誕生

　2015 年 7 月に「NPO 法人タウンサポート鎌倉今泉台」が設立された。NPO
設立の目的は以下に示した通りである。

　ア．今泉台町内会の課題を長期的に取り組む仕組みをつくる。

　イ．町内会よりも資金を柔軟に回して持続的なまちづくり活動を展開する。

　ウ．高齢化、世帯構成の変化による地縁組織の限界を解決するノウハウを他
　　　の地区に提供することであった。

　タウンサポート鎌倉今泉台のまちづくりの理念として、「いつまでも住み続け

図表 3-8　タウンサポート鎌倉今泉台活動拠点「いずみさろん」

たいまち」「安心・安全をサポーとし合うまち」「多世代が交流し活気あるまち」
「緑豊な環境をいつまでも保つまち」を掲げている。

　タウンサポート鎌倉今泉台の会員は、2017年6月時点で、NPO組織の会員
数は171名（個人正会員：68名、団体正会員：4社、個人賛助会員：98名、団体賛助
会員1社）である。

　タウンサポート鎌倉今泉台として以下の活動が行われている。

　　ア．空き家バンクの運営。

　　イ．空き家を利用したコミュニティサロンの運営。

　　ウ．遊休駐車場の活用。

　　エ．空き地を利用した菜園の運営。

　　オ．空き家・空き地の草刈、枝払いなどの整備保全活動。

　　カ．IT利用による各種サービスの開発。

　　キ．近隣儒民参加型マルシェの運営。

　　ク．人材バンクの運営。

　　ケ．各種イベントの企画運営 (文化祭、講演会等)

　　コ．鎌倉リビング・ラボの運営。

　活動の特徴は、安全・安心のコミュニティづくりを担う「町内会」と地域
の困りごとを解決する「NPO」で地域のエリアマネジメントを運営する。町
内会から地域住民の活動支援（困りごとの解決、住み続ける地域づくり）機能を

図表 3-9　NPO と町内会との連携の仕組み

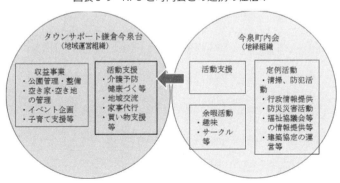

NPOが引き継ぎ、自前の活動資金を調達して活動を展開する。

　様々な人材資源を活かして今泉台町内会で15年にわたり高齢者の移動支援活動を行っている「助っ人隊」（約30名）との連携による活動ネットワークを強化していく方針とした。

　タウンサポート鎌倉今泉台の活動資金は、会費、リビング・ラボの協力金、コミュニティサロンの利用料収入や賃貸収入、菜園野菜の販売収益などから、年間300万円の運営費を捻出し、組織の活動費にあてている。

　③空き家・空き地の実態調査と利活用

　特質すべき活動として、2015年から約2,000戸の住宅を対象に空き家・空き地調査を行い、所有者の履歴、利活用の有無についてデータバンク化を行っている。

　初年度は横浜国立大学の研究室と大学生とで連携して、空き家・空き地のデータバンク・フォーマットを共同で作成した。次年度からは。「タウンサポート鎌倉今泉台」が、そのフォーマットに基づき、20名近い会員の協力を得て毎年調査を実施している。なお、空き家などの調査員に対して、タウンサポート鎌倉今泉台から、調査員にアルバイト料が支払われている。

　現在85件の空き家、空き地が存在し、その所有者と話し合いを行い、空き地の維持管理を行うことを条件に協定を締結し、菜園や駐車場などの利活用を行っている。空き家などが社会問題化している現実を直視して、地域の「タウ

図表3-10　「リビング・ラボ開催風景」と「空き地を活用した菜園」

ンサポート鎌倉今泉台」が会員の協力の下、住宅環境問題に取り組んでいる。

④リビング・ラボ活動

　リビング・ラボは、まちの主役である住民が主体となって、暮らしを豊かにするためのサービス、ものをうみだし、ものをより良いものしていく活動である。

　今泉台町内会を中心として、商品の試作品や新商品を実際に使ってもらい、その様子を観察や感想を話し合い、テーマに応じた生活のアイディアなどの開発中のサービス、製品に関する意見徴取やグループインタビューを実施している。

　世界では 400 のリビング・ラボが存在しているといわれているが、日本で確認できるリビング・ラボは、まだ 10 事例にも満たない程度である。その運営を「タウンサポート鎌倉今泉台」が担っている。

　まさに新しい地域活動（イノベーション活動）から、活動費を生み出している。

（長瀬光市）

（4）「神奈川西部」 コミュニティカフェ荻野からはじまる地域の絆づくり
　　（厚木市鳶尾団地）

1）沿革

　厚木は古く縄文時代から人が住み続けてきた土地である。厚木宿は旧東海道と大山道、八王子道が交わる宿場町で、江戸時代には相模川の水運で栄え、厚木は小江戸と呼ばれていた。鳶尾団地がある荻野地区にも大山道の下荻野新宿があった。昭和初期まで養蚕業や醸造業が主だったが、第二次世界大戦中に疎開工場が創業、1960 年代には優良企業の誘致により工業が急速に発展した。68 年に東名高速道路が開通、厚木インターチェンジができ周辺道路網が整備され、市内に工場が進出、工業団地、流通団地が形成された。人口は、2008 年の 226,419 人をピークに微減したものの、15 年には増加している。厚木市は昼夜間人口比率が 114.9% と県内で最も高い（10 年国勢調査）。厚木市の高齢化率は 22.9%（15 年）である。

　鳶尾団地は本厚木駅から 8km のところに立地し、UR（当時の住宅都市整備

公団）によって建設された。中心（2・3丁目）に集合住宅団地（分譲約500戸、賃貸約800戸）、周辺（1・2・4・5丁目）に戸建て住宅団地（戸数約1500戸）があり、バス停のあるパティオ鳶尾には各種商業施設が配置された。入居が開始されたのは1977年である。公団以外の民間の土地も含まれているが、公団の分譲地は広さ100坪を単位としており、民間分譲地もそれに準じた広さ（80坪）だった。地域内には小学校、中学校、大小の公園、緑道が整備されている。間近に丹沢の山並みを望み、背後の鳶尾山にはハイキングコースがあり、自然環境には恵まれている。現在の東京までの通勤時間は、本厚木駅までバスで25分、新宿まで小田急線で約50分である。

　当初より、管理組合、自治会が組織された。入居第一世代は、鳶尾団地をふるさとにしよう、という意欲に燃えていた。丁目ごとに自治会をつくり、祭りの時は自治会が協力して取り組んだ。建築協定や地区計画は、将来、制約になる、ということから制定されなかった。

　2）何が起きているのか

　入居開始から40年が経過し、居住者の高齢化が進む一方、次世代に住み継がれないため、入居率は低迷を続け、集合住宅の空き室率は現在約30％に及ぶ。同様に、戸建て住宅地も深刻な状況となっている。

　鳶尾の戸建て住宅団地では、更地になった土地を敷地分割して新築住宅が建築中の事例が何件かあった。不動産業者が土地を取得し、アパートを建てた事例もある。100坪の敷地の余裕を生かして二世帯住宅に建て替えた事例も、戸建て住宅をデイサービス施設にしている事例もある。野菜を植えて共同の畑地として利用したり、戸建て住宅何区画かを撤去し、全面的に駐車場として使用している事例などいろいろな変化が起きている。

　団地の中央部に地区センターとして計画されたパティオ鳶尾には、銀行、郵便局、店舗、診療所、保育施設等が配置されていたが、人口減少に伴って空き店舗が目立っている。生活必需品を提供するコープなどは、高齢の客の買い物の手助けをするなどの営業努力に加え、周辺住宅団地の需要も取り込んで、営業は成り立っているようだ。URも、高層賃貸住宅の住人を下の階に転居させ、上層階を取り壊すなど、縮小に向けて舵を切っている。

3）住み続けるためのまちづくり活動

　自治会、管理組合は、活動を継続している。40 年のあいだには、町会の離合集散もあった。子供の減少に伴い、子供会はなくなった。

　特筆すべき最近の動きとして、コミュニティカフェ荻野の活動がある。池本政信氏が始めたもので、定期的に住民が集まり、そこから厚木市協働事業「みどりのカーテン事業」（2013 年度から）が始まった。池本氏は、地域のことに気を配り、アイディアを出し実行し人をまとめる力もあった。惜しくも 18 年に 86 歳で亡くなられたが、今も活動にかかわる人たちから慕われている。並行して 12 年からは、近くの東京工芸大学建築学科の森田研究室（森田芳郎准教授）の学生たちが空き地の植栽活動をしたり、大学教員・地域住民による生涯学習講座が開催されたり、パティオ鳶尾内の空き店舗で、住民・UR・大学が協力して団地活性化の努力が継続していた。その流れから空き店舗を「Tobio ギャラリー」として継続的に活用することになり、有志が内装工事を行ない、15 年10 月、「第 4 回鳶尾写真コンテスト」の応募作品の展示を行なった。この時、法人化し、厚木市協働事業として補助金を受けることを選んだ。UR も特例的家賃半額を提案してくれた。それまでは公民館を利用していたが、自分たちが自由に使える拠点ができたことの意味は大きかった。

　現在のメンバーは 37 名で、住民だけではなく、鳶尾地域以外から参加するものもあり、市議会議員や社会福祉協議会、地域包括支援センターも含まれている。メンバーは、自治会や管理組合と重なっているが、活動に当たっては、それぞれの役割が混乱しないように考慮されている。月に一度集まり運営について相談、当初、月・水・金のみコミュニティカフェとして開店していたが、現在は、月・火・水・金となり、そ

図表 3-11　Tobio ギャラリーに集う人たち

れに加えて音楽喫茶（土・日）、歌声喫茶（第2土曜日）、落語会、映画会、写真・絵画等の作品展示なども行なっている。音楽喫茶は、メンバーがオーディオ機器を提供、収集したCDを貸し出せる。自分の畑で栽培した野菜を持ち寄る人もいる。

　市からの補助金は19年3月でなくなったが、コミュニティカフェとして自立できる目途が立ったのは大きい。ビジョン（あるべき社会の状況）として「地域の方々が毎日楽しくてわくわくするコミュニティがあり誰もが住みたくなる荻野をつくる」、ミッション（それを実現するための私たちの役割）として「・ほっとする楽しい自由な居場所つくり　・お困り事の可能な範囲の対処　・地域の乗り合い交通　・その他目的を達成するために必要な事業」を掲げている。困りごと相談として、植栽の手入れ、草刈り、電灯の笠掃除などに有料で取り組むが、人手不足に対して要望は多く、困っている人優先など、価格も含めメリハリをつけて対応している。

　Tobioギャラリーでさまざまな活動の打ち合わせが行なわれることで、情報が自然と共有され、地域内外の新しい活動を後押ししている。空き家活用として、「ロックvファイブ」（18年9月から）、「つどいカフェもりや亭」が活動を開始、地域外では「荻カフェ」「東カフェ」が始まった。インドレストラン「curry & café　MOMO'2」が、19年3月に開業したが、空き家を気にかけた町会長が自ら誘致し営業を支援しているという。また、パティオ鳶尾の包括支援センターが地域でのサポート活動を行ない、荻野地区では生活支援協議会が活動している。こうした集会所の叢生は一見無意味に見えるが、そうではない。よく見ると、始めたきっかけや目的や取り組むメンバーが異なり、多様な性格の居場所が増え、Tobioギャラリーまで行かなくとも高齢者が歩いて行ける居場所が増えている。「ロックvファイブ」は、空き家となったことをきっかけに、近くの住民が中心となって始めたものである。「もりや亭」は、相次いで亡くなった夫の両親の住んでいた住居を週1回開放している。「もりや亭」は、取り組む人の強い思いが出発点となっている。運営している森屋由美さんは陶芸家だが、室内を設え花も活ければ料理も作る。「両親が遺した伊賀焼の食器に手料理を盛りつけたい。眠っていた食器も喜ぶ」という。自身の家がある立川から介護に通って

いたが、両親の死後、十分に介護できなかったという思いもあり、町会長の呼びかけに背中を押され、この住宅を活用して地域の役に立つことで両親の供養としたいという思いからこの活動を始めた。介護経験を通じて出会った一人暮らしの人々は行政や他人様にご迷惑をかけるから頼りたくないという意識が強く、助けが必要となっても自分から声を上げられないことや、支援の受け方がわからないなどの現状を知った。そこで、一度訪れた人が近くの知り合いを誘ってもらうようにしているという。私たちが訪れた日には、「みんなで自分史を書く」会をやりたい、という人がいて、話を聞きながら森屋さんが、どんどん具体的な企画に仕立てて行く。人が集まる秘密を垣間見たような気がした。

　鳶尾団地周辺には、働き場所として工業団地や大学もある。都心まで1時間20分の通勤は決して楽ではない。海老名駅前には大きな駐車場が整備されているので駐車場を借りて車で海老名経由で通勤している住民もいる。本厚木駅の大手スーパーは何でも揃うデパート型から地域、生活に密着した小型店へと変貌を遂げている。

　本厚木駅までのバス代347円は高く、住民の経済的負担となっている。これを受けて厚木市は買い物や通院などの日常生活に必要な移動手段の確保に向けて、18年11月〜12月、地域コミュニテイ交通の実証実験を行なった。目的は、①厚木市が目指す地域包括ケア社会の実現　②持続可能な地域公共交通ネットワークを形成する集約型都市構造実現のため、とある。実証実験は、19年11月から（20年3月まで）再開、次年度以降の運行に関しては実証実験の結果を見極め、さらに改善を図る予定である。

　4）これからのまちづくりの方向　可能性と課題
　特色として、静かに進む自由な建て替え、コミュニティカフェ荻野から始まった元気な第一世代の活動、厚木市・UR・大学との連携、が挙げられる。
　第一に、静かに進む建て替えは、鳶尾団地の特長である。多くのベッドタウンが、自ら設定した建築協定により良好な住環境を守ってきたことと裏腹に、二世帯住宅への建て替え等の可能性を減らし、まちとして住み継がれることを難しくしているのと対照的である。また、自然に不動産の循環が起こるのは、

転入してくる若い世代がいるためで、それは、近くに内陸工業団地や流通団地などの働き場所があることによると考えられ、厚木市の昼夜間人口比率が高いことでも裏付けられている。本厚木駅周辺は業務地区で、25分の距離は魅力的な働き場所たりうる。これは、鳶尾団地を住み続けられる場所にするための大きな強みである。また、分譲面積が100坪と、他のベッドタウンに比べて大きかったことが多様な建て替えを許したこともある。ただし第一世代の中には、自分たちが大切にしてきたニュータウンの良好な景観や住環境に配慮しない物理的空間の改編を苦々しく思っている人たちもいる。良好な住環境を維持するためには、住民が中心となって何らかの手段を講じて、住環境の維持と建て替えの両立をはかる必要がある。

　第二に、元気な第一世代が活動的である。鳶尾では男性が多い。現役をリタイアした第一世代は、ベッドタウンのゆったりした住空間、豊かな自然環境、時間的自由や経済的な余裕を満喫している。また、互いの趣味や特技を生かし楽しみと実益を兼ねた活動を通じ、さらに親交を深め楽しい時間を生き生きとすごしている。ニュータウンの物理的空間と社会的空間を生かして豊かな人生の時間をすごすことは、これからのこの国が目ざすべき成熟社会の一つの姿ではないか。第一世代に能力があり余裕があり活力があり、人的ネットワークがあることは、潜在能力である。人的ネットワークは、大学や自治体、企業を巻き込み、さまざまな活動を広げていく可能性を含む。また、第一世代の元気で楽しい活動は、若い人たちや地域外の人たちを巻き込む可能性がある。現在の活動は、将来に不安を感じ何かできないかと考えている人たちのみによるもので、住民のごく一部である。今後は参加者を増やし、何を考えているのか、何が必要なのか、お互いの意思疎通を拡げ、地域として活動できる組織としての力をつけて行く必要がある。地域の将来ビジョンを考えたり、建築協定などのルールづくりをしたり、空き家利用の優先順位を決めてニーズに合った居住者を入居させるような活動ができる地域マネジメント組織に発展するといい。

　第三に、厚木市・UR・大学と住民との連携である。2016年11月に「鳶尾団地タウンミーティング」が開かれた。これは、荻野地域包括支援センターが主催して開かれたもので、高齢化が進む中で団地を孤立させないために、住民が

まちの将来を語り合うものである。UR は賃貸物件の管理のために常駐し、住民の活動に協力的である。厚木市は鳶尾地区に住む住民の自発的な活動を高く評価し協働事業に積極的である。さらに東京工芸大学建築学科の森田研究室や神奈川工科大学高橋研究室（高橋勝美教授）が鳶尾団地に関与していることから、様々な可能性が考えられる。すでに、パティオ鳶尾内で移転する地域包括支援センターの空き室で、20 年 4 月から、高橋研究室の地域ブランディング事業が文科省の補助金を得て活動を開始することが決まっている。

（鈴木久子　関根龍太郎）

（5）「埼玉中部」住民と行政との協働による新たな地縁組織づくり
（鳩山町鳩山ニュータウン）

1）鳩山ニュータウンの沿革

　東京圏のベッドタウンの埼玉方面への展開としては、各鉄道沿線に大規模住宅団地が建設されるとともに、戸建て中心のニュータウンは、主に東武東上線沿線に開発されてきた。

　東武東上線沿線では、当時の住宅・都市整備公団によってニュータウンが数多く建設されてきた。本項では、他のニュータウンと比較して相対的に不便であるが緑豊かな戸建て中心に建設されたニュータウン、鳩山ニュータウンを取り上げ、その内実を検討したい。鳩山ニュータウンは、埼玉県比企郡、県中部に位置する鳩山町の丘陵地に建設された。東京都心から北西約 50km に位置している。池袋から東武東上線の急行で約 50 分、高坂駅を下車しバスで丘陵地の坂を登って 15 分でセンター地区に到着する。日本新都市開発㈱（その後 2003 年に解散）が、1971 年から開発をはじめ、74 年 7 月から 94 年 3 月にかけて、総面積約 140ha に 3100 戸の住宅（約 200m²/戸）として戸建分譲されたものである。日本新都市開発は、経済同友会の有志が県内企業に呼びかけて、埼玉県独自のデベロッパーとして設立された。

　ニュータウン開発は、3 期（71 年、77 年、81 年）に分けて開発が進められ、

図表 3-12　鳩山ニュータウンの位置

出典:googl map より作成

図表 3-13　鳩山町の位置

出典:埼玉県「平成29年度政策課題共同研究研究報告書」42頁の図引用。

販売された。中心にはタウンセンター施設を設け、時代に即したデザインを考えた街区づくり、近隣住区論による公園配置、建築協定、緑地協定、カーポート2台付等が施されていった。バブル期には、最後の開発となった松ヶ丘地区の松韻坂では、高級住宅地として600m^{2}の宅地が計画された。ループ道路、クルドサック、電線地中化等、景観を向上させるデザインを配し、億ション住宅として販売された。

　1973年ニュータウンの分譲開始時は、人口約4,800人の鳩山村（55年亀井村と今宿村が合併）だったが、ニュータウン人口が増え、81年には人口10,000人を超えた。翌82年には、晴れて町制が施行され、鳩山町が誕生した。

　最終分譲が終わった1994年の翌年、ニュータウン人口は10,729人（町全体では18,011人）でピークを迎え、以降、現在までニュータウン人口は減り続け、7,154人（33％減）（町全体で13,834人）となっている。

2）鳩山ニュータウン自治会の取り組みと変遷

　1974年、開発途上のニュータウンに入居が始まり、ほどなくして自治会が結成された。翌年には、早くも第1回総会（会員185世帯中174世帯）が開かれた。商業施設としては西友が立地し、バスの運行も始まった。当時は、第1次オイルショック直後であり、高度経済成長期から経済安定期に移行する時期でもあっ

図表 3-14　鳩山ニュータウンの街並み（楓ヶ丘）

図表 3-15　高級住宅地、松韻坂地区

た。鳩山ニュータウンは、都心からは遠隔地にあるが、「遠くても広い我が家」を求めて、裕福なサラリーマン世帯が移り住んできた。

1974 年から自治会報が発行され、初代自治会長の挨拶文の冒頭で、次のように述べている。「比企丘陵自然公園の緑に包まれた街、過密都市、スモッグ、交通禍から完全に離れて自然環境にめぐまれ太陽のオゾンを胸いっぱい吸えるところに鳩山ニュータウンが誕生しました。私はここを第二の故郷と呼びます。」当時は、公害問題への対処が進み始めた時期でもあった。ニュータウン自治会は、自治意識の高いサラリーマンの参加によって、積極的な自治活動が展開されていった。

77 年には、自治会組織が一定の完成をみる（図表3-16）。90 年代には 1 万人規模で 1 つの自治会となり、全国でも珍しい存在であったであろう（なお、町内には旧村に大字単位で 15 の自治会がある）。当時、自治会活動としては、自治会報「コスモス鳩山」を発行し、住民の福祉や文化活動だけでなく、ニュータウンの自然環境を守るための先駆的な取組みを行っており、情報誌コンクール優秀賞、さいたま地球環境賞等で表彰を受けている。住民には、大企業の中堅社員もおり、組織化については、単なる自治会活動にとどまらず、議決機関としての代議員会を置き、自治会の方針や事業、活動の意志決定が迅速にできるようになっている。図書館誘致等、ニュータウンの住民福祉の向上のために、行政へ改善要求をするための運動も行われてきた。

ニュータウンには緑ある環境を求める意識の高い住民が多いことから、周辺の

開発にも敏感だっ
た。81年には近隣
への障害者施設の
建設計画が持ち上
がり、住民間で意
見が割れ、会が揺
れた。86年からは、
近隣でゴルフ場開
発が浮上し、これ
についても住民間
で意見が対立した
が、結局条件付き
賛成となった。条
件となった薬剤被
害対応で自治会と

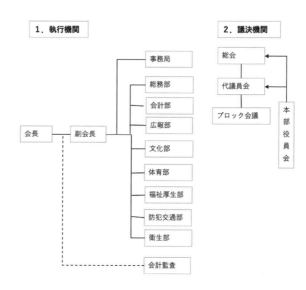

出典:「鳩山ニュータウン自治会30年史」別冊『コスモス鳩山』2005年
10月1日、鳩山ニュータウン自治会より作成

運営事業者との間で、90年に全国でも注目された環境保全協定（環境モニタリング、
一億円環境保全基金等）が締結され、パートナーの関係が続いた。その後、運営事
業者との間で、基金の取扱で意見が対立し、裁判となり長期化（2015年に最高裁
で結審）することにより、自治会が大きく揺れた。こうしたニュータウン環境へ
の圧力に住民間対立が続き、ニュータウン自治会を支持する住民意識のまとまり
が崩れていった。その結果、10年前から別途新自治会が設立され分裂状態となっ
た。嫌気のさした一般住民は自治会への関心も薄れ、加入率はガタ落ちとなった。

3）インフラ再整備・コミュニティ活性の核づくりへ

　地方の人口減少が進む中で、2007年には、鳩山ニュータウン内に2つあった
小学校が1つに統合された。ニュータウンの誕生が町制をもたらしたが、ニュー
タウン人口減少により、町としては改めてテコ入れをする必要性が高まってきた。
　2008年、現在の小峰町政となり、第5次総合計画を策定（2020年目標人口
15,000人、はとやま「安心・魅力」創造プラン）した。計画に、鳩山ニュータウン再

生・創造事業を位置づけ、ハード・ソフトプランを展開し始めた。高齢化の著しいニュータウンで、まず健康教室を開き、それへの社会参加を促してきている。県内でも健康教室の評価は高い。インフラ整備では、福祉・健康複合施設（鳩山版CCRC）として、ニュータウン内の旧松栄小学校跡地に、特別養護老人ホーム（民設民営、新設）、地域包括ケアセンター（新設）、多世代活動交流センター（学校改修）等の整備を進めてきた。

タウンセンター施設にあった西友リビングが数年前に撤退し、空き店舗活用として、住宅団地アクティブ化・キックオフ事業として、鳩山町コミュニティ・マルシェ事業、空き家への移住推進等を進め

図表3-17　鳩山町コミュニティ・マルシェ

図表3-18　住宅空き部屋を改装した店

出典: 鳩山町、「ニュー喫茶幻」のTwitterより

ている。2017年7月には、コミュニティ・マルシェが完成し、町の活性化に取り組む事業が展開されている。町は、指定管理者として、公募の結果、かねてから関わりのあったRFA（藤村龍至・芸大准教授の設計事務所）が、受託し、魅力的で、多様な企画を展開、情報発信し、県内でも注目を集め始めている。コミュニティ・マルシェには、次のような事業が展開されている。

・まちおこしカフェ（喫茶、各種物販、イベント）

・ワンディシェフ（地域の店の一日店）

・移住推進センター、空き家バンク

・シェアオフィス（すでに入居済み）、研修室

・マルシェ情報誌

・その他、夏祭り、バンド演奏　会等イベントも実施。

　コミュニティマルシェの担当者は、アーティストでもあり、ニュータウンに移住してきて、運営を行いつつ、自分の製作現場として、家の一室を改造し、アートプロジェクトとして、「ニュー喫茶幻」をオープンさせ、不定期でイベントを行っている。別の担当者は、音楽イベントの経験を活かし演奏会を実施したり、パティシエとしてクッキー販売を行っている。このように場を最大限に活用し、指定管理者の各種才能を発揮して、さまざまな発信を行い、地域の活性化を図ろうとしている。

4）自治会の再生とコミニティ・マルシェによる新たな空間利用

　ニュータウン内で分裂していた自治会は、今までの経緯から、地域割ではなく活動理念により3つの自治会・団体となり、一部の住民が参加し、多くの住民は関与せずとなっていた。このままでは、町から自治協力団体として認められず、自治会活動費の補助金ももらえないし、町の発展にもつながらない。

　そこで、町では、2014年5月に「鳩山ニュータウン地域の自治組織のあり方検討委員会」を設置し、2自治会および関係者を集めて、喧々諤々の議論を行い、自治協力団体とは何かについて合意してもらい、交付金を配分できる組織づくりの議論を行った。その結果、自治協力団体としては、今までの自治会、新自治会を解散し、近隣住区をベースとする団体・自治会に再編成することとなった。一定期間を経て、2018年10月に、13の住区単位で、自治会ではなく「町内会」として再スタートすることとなった。2019年4月から、ニュー

図表3-19　改造された学生用シェアハウス

出典: 鳩山町コミュニティマルシェのHPより

タウンでは、13の町内会単位で、自治会活動が展開されはじめている。さっそく町内会単位での旅行や視察、イベントもはじまった。

　ニュータウンでは、空き家はすでに、150件となり、懸案事項となっている。

町内近隣には、東京電気大学や山村学園短期大学他があるため、町とコミュニティ・マルシェでは、空き家を活用して、学生用シェアハウス（お試し住宅、4ベッドルームと共用スペース）をオープンさせた。学生による体験で、ニュータウンは、まさしく「シェアタウン」の様相を呈し始めた。

2019年は、ようやく高齢化に対応したハード・ソフトが整う段階に入ったと言えよう。

（北川泰三）

（6）「常総」自治体主導による地域運営組織づくり
（龍ケ崎市竜ヶ崎ニュータウン）

1）竜ヶ崎ニュータウンの沿革

竜ヶ崎ニュータウンは、東京都心から北東約50kmに位置し、市域の緑豊かな北部丘陵部に開発され、総面積約761haで、「北竜台地区」「龍ヶ岡地区」「つくばの里工業団地」の3つの地区で構成されている。最寄駅はJR常磐線佐貫駅でバスを乗り継ぎ、北竜台地区で東京駅から約1時間半程である。

この開発は、日本住宅公団（後に、住宅・都市整備公団）の施行によるもので、当初は20万人を収容する1300haの開発であったが、地元の反対運動により、北竜台地区（326.5ha）と龍ヶ岡地区（344.8ha）が1977年に特定土地区画整理事業の事業計画が認可された。まず北竜台地区が1982年に街びらき（入居開始）が行われ、龍ヶ岡地区は遅れること12年後の94年となる。つくばの里工

図表 3-20 竜ヶ崎ニュータウンの施行面積及び計画人口

地 区 名	施行面積 (ha)	計画戸数 (ha)	計画人口 (人)
北竜台地区	326.5	9,600	38,000
龍ヶ岡地区	344.8	8,110	32,000
つくばの里工業団地	89.6	–	–
ニュータウン合計	760.9	17,710	70,000

出典：「竜ヶ崎ニュータウンまちづくりの記憶」都市基盤整備公団

図表 3-21 竜ヶ崎ニュータウン全景（2001 年度）

出典：「竜ヶ崎ニュータウンまちづくりの記憶」都市基盤整備公団

業団地は 1983 年工事を着手し、88 年には完売した。計画人口は 7 万人で、当初は従来のベッドタウン型の開発であったが、1987 年に転換し、戸建てを中心とした住宅地、教育施設・公益施設、ショッピングセンター、公園などのほか、

工業用地、誘致施設用地などを整備・計画することにより、「働く場」「学ぶ場」「楽しむ場」な

図表 3-22 北竜台地区・龍ヶ岡地区の人口推移

	1995年 （人）	2000年 （人）	2005年 （人）	2010年 （人）	2011年 （人）
北竜台地区	15160	19268	20007	20041	19911
龍ケ岡地区	2296	6379	10042	12556	12934
龍ヶ崎市全体	69163	76923	78950	80334	80014

＊龍ヶ岡地区の平成7年、平成12年は推計値
　平成23年は常住人口調査（その他は国勢調査）

ど様々な機能を持つ、職住近接型の複合多機能都市を目指して建設された。道路網はニュータウン大通りなどの幹線道路を軸として段階的に構成され、計画的な居住環境区が整っている。

2）何が起きているのか
①ニュータウン地区の人口集積の限界と構造上の歪みの懸念
　竜ヶ崎ニュータウンの建設は、多摩ニュータウンや千葉ニュータウンより約

10 年遅れて始まる。時代はオイルショック（1973 年）以降、大都市圏への転入超過も減少し、全都道府県で住宅数が世帯数を上回り、量から質の向上に住宅政策の転換が求められる時期であった。

こうした時代を背景に着手された竜ヶ崎ニュータウンであるが、北竜台地区では 1981 年の宅地分譲から 93 年の事業完了頃まで、バブル経済も後押しして順調な売行きを示し、90 年から 95 年の 5 年間で約 8,500 人が流入する。

しかし、バブル経済の崩壊後、1990 年代半ば以降は、都心回帰が顕著となり、集合住宅（計画住宅地区）の売れ残りが生じはじめ、値下げや戸建住宅への転換などが行われる。当然ながら、北竜台地区の人口増加は鈍化し、2010 年20,041 人と計画人口 38,000 人に大きく及ばぬまま減少傾向に転じ、15 年には 19,680 人となる。

また人口集積に限界性がみえてきた近年、周辺地域での大型店の進出動向なども影響し、地元では中央のセンター地区のショッピングセンターの撤退も懸念されている。旧市街地の衰退などへの対応も含めて、龍ケ崎市の発展をけん引してきたニュータウン開発であったが、龍ヶ岡地区の成熟化とともに新たな課題が顕在化してきている。

図表 3-23　北竜台地区の町丁目

② 当初分譲された松葉・長山地区での人口減少と高齢化の進行

当初分譲された松葉・長山地区では人口減少が進み、高齢化率は40％を超える区域もでてきており、空き家なども発生してきている。

図表 3-24　松葉地区のまち並み

2015年の国勢調査では高齢単身・高齢夫婦世帯は、松葉地区で396世帯、全世帯数の28.5％、長山地区で374世帯、全世帯数の20.0％となっている。

　これらの地区では第一種低層住居専用地域（建ぺい率40％、容積率80％）が指定され、概ね60〜70坪/戸前後の敷地規模の良好な計画的住宅地が形成されてきたが、駐車スペースの増設や二世帯同居などが難しく、住宅の更新時期を迎えているものの、現状のまま世帯分離による若年世代の流出、小学校の児童数の減少などが進んでいる。近年、公団用地である集合住宅地（計画住宅地）の未利用地対策として戸建住宅地の分譲が行われ、その世帯分離の受け皿として、いわゆる近居が進むとともに、一部では空き家となった隣接住宅の買い取りなども行われているが、その限界性は明らかである。

　こうした人口減少と高齢化が進む松葉・長山地区では中央のセンター地区から遠く、コンビニエンスストアの立地もみられるものの、高齢化の進行と相まって、近隣の日常生活レベルの生活利便にかかわる問題の顕在化が懸念されている。

3）住み続けるためのまちづくり活動
①行政主導による新しい地域コミュニティの創出－地域コミュニティ協議会の設立

　龍ケ崎市では、1954年に「龍ケ崎市区長設置条例」を施行し、「区」を設置し、竜ケ崎ニュータウンの入居に併せて「自治会」を組織してきた。これらの組織は住民の総世帯の参加を原則として地域の生活全般の課題に取り組んでいるが、アパートやマンションなどの未加入世帯や、役員のなり手が少ないなどの課題を抱える一方、今後の社会保障関係費の増加などを勘案すると、多様化する公共サービスを行政だけで担うのは困難であり、行政の守備範囲と執行方法を見直す必要から、これら従来の制度に代わる新たな住民主体の地域コミュニティによるまちづくりを目指すことになった。2011年度に「ふるさと龍ケ崎戦略プラン」が策定され、重点戦略として「協働のまちづくりと地域力アップ」を位置づけ、市内13のコミュニティセンターの活動範囲（小学校区）ごとに地域コミュニティ協議会の設置に向けて取り組みが開始し、現在12の組織が誕生している。

図表3-25　地域担当職員制度　～組織と事務の流れ～

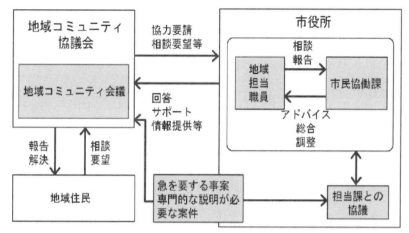

出典:龍ヶ崎市政策情報誌「未来（あす）へ」より作成

　新しい枠組み「地域コミュニティ」の範囲は住民にとって身近で分かりやすい範囲で、教育、福祉、環境などの課題を住民の共通課題として認識できる区域が望ましいとして小学校区を単位としている。区や自治会だけでなく地域内のNPOやPTA,民生委員、児童委員などの団体も参加し、「地域のことは地域が担う」ための住民自治の仕組みを目標としている。

　また、地域コミュニティ活動をサポートしていくために、2012年度に地域コミュニティの総合窓口を市民協働課（現在のコミュニティ推進課）に一本化し、庁内の横断的な支援体制を整え、「地域担当職員制度」と「補助金交付制度」を創設している。

②松葉・長山地区－地域コミュニティ協議会のまちづくり活動

　長山地区では、2013年に「長山地域コミュニティ協議会」を設立し、防犯、防災、健康・福祉、文教・体育、自治会の各活動を住民自ら主体的に進めている。また、松葉地区でも夏祭りや地域文化祭、防災訓練、連絡委員会による地域の見守りなど地域全体での活動を実施しているが、協議会の設立については研究会などを立ち上げて検討を進めている。

　長山地域コミュニティ協議会では、特に、高齢化の問題と蛇沼公園の環境美化活動に力を入れている。発足後「将来構想検討会」で、入居から30年以上

図表3-26　長山地域コミュニティ協議会の組織構成と活動内容

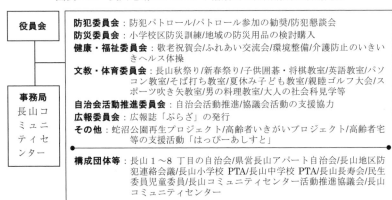

役員会	防犯委員会：防犯パトロール/パトロール参加の勧奨/防犯懇談会
	防災委員会：小学校区防災訓練/地域の防災用品の検討購入
	健康・福祉委員会：敬老祝賀会/ふれあい交流会/環境整備/介護防止のいきいきヘルス体操
	文教・体育委員会：長山秋祭り/新春祭り/子供囲碁・将棋教室/英語教室/パソコン教室/そば打ち教室/夏休み子ども教室/親睦ゴルフ大会/スポーツ吹き矢教室/男の料理教室/大人の社会科見学等
事務局 長山コミュニティセンター	自治会活動推進委員会：自治会活動推進/協議会活動の支援協力
	広報委員会：広報誌「ぷらざ」の発行
	その他：蛇沼公園再生プロジェクト/高齢者いきがいプロジェクト/高齢者宅等の支援活動「はっぴーあしすと」
	構成団体等：長山1〜8丁目の自治会/県営長山アパート自治会/長山地区防犯連絡会議/長山小学校 PTA/長山中学校 PTA/長山長寿会/民生委員児童委員/長山コミュニティセンター活動推進協議会/長山コミュニティセンター

出典: 龍ヶ崎市ホームページ「地域コミュニティ協議会」より作成

が経過し、高齢化の問題を直近の課題としてとらえ、かつ先を見通した住みよいまちづくりと住民同士の絆の充実を目指して、「蛇沼公園の環境美化活動」と「高齢者の生きがいづくり」の２つのプロジェクトを進めている。地区に隣接する蛇沼公園は自然豊かな住民の憩いの場として親しまれており、地域の大切な環境としてボランティア30〜40名で毎月整備作業を実施している。また、高齢者の生きがいづくりではコミュニティセンター内で、交流の場として月に１度「長山ゆるカフェ」を開催するとともに、地域内相互扶助システムとして高齢者宅などの活動支援「はっぴーあしすと」の活動を進めている。「はっぴーあしすと」では、住民間の助け合いにより、困りごとを持つ高齢者家庭や一人暮らしなどを対象にして、庭の草取りや植木の水やり、電球の交換、ゴミ出し、室内の掃除、話し相手などの住民間で出来ることの支援活動を実施している。気兼ねなく利用してもらえるように、１時間当たり500円の利用券による少額の謝礼を伴う有償のボランティア活動の仕組みとなっている。

　松葉・長山地区では、現在、空き家対策などの活動までには至っていないが、その礎となる地域自治は着実に育まれており、蛇沼などに象徴される個性豊かな住み続けるための発展的な展開が期待される。

（田所　寛）

（7）「北総」 民間による成長管理型のマネジメント（佐倉市ユーカリが丘）

1）地区の沿革

　佐倉市ユーカリが丘地区は、都心から 38km圏内に位置し、千葉県佐倉市の西部にあり東京駅から八王子市や千葉市とほぼ同じ距離にある。

　主要公共交通機関としては、京成線があり、最寄り駅はユーカリが丘駅で、東京駅から約 45 分、京成上野駅から約 50 分、成田空港へ約 27 分の位置にある。また、ユーカリが丘駅から、地域内の 6 つの駅をユーカリが丘線が循環している。ユーカリが丘は、山万株式会社（以下、「山万」という）によって 1971 年 5 月から手掛けられた事業である。山万は 1951 年（昭和 26 年）に創業した繊維の卸売会社であったが、取引先の不渡りにあい会社倒産の危機に瀕した際、担保にとった山林を造成・開発し、「湘南ハイランド」（横須賀市）として販売したのが不動産事業開始のきっかけと言われている。この「湘南ハイランド」は、高度成長期の住宅地開発の流れに乗り完売されたが分譲撤退型の開発で、駅から団地まで 20 分以上の山の上の住宅地で、住民生活に負担をかけるものであった。こうした反省から「ユーカリが丘」では、「誰もが安心して住み続けることができる街」として、長期的で計画的なまちづくりをコンセプトに「成長管理型」

図表3-27　ユーカリが丘の位置

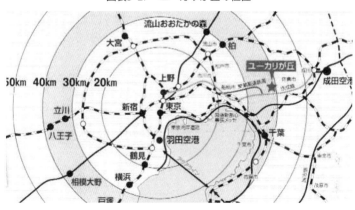

注：山万株式会社「夢百科」第10号より

の街づくり進めることになったといわれている。

　当初計画では、総開発面積：約245ha、総計画戸数：約8,400戸、計画人口：約30,000人で、現在（2016年3月末）、人口：18,194人、7,303世帯、世帯人員2.49人となっている。

2）何が行われてきたか／開発の特徴

①計画的な戸数供給と住み替えシステム、利便性の確保

　ユーカリが丘の開発の最大の特徴は、山万という民間による成長管理型のまちづくりである。大規模な売切り型の開発ではなく、時間軸をもって街を成長、成熟させていく手法で、全国的に見ても例のない手法である。

ア．分譲供給戸数、毎年200戸に制限

　　毎年の分譲戸数200戸を目処にすることによって、計画的に人口を増やすことを可能としているとともに、この取り組みにより子育て世代などの新規入居者の流入を図り、地域としての人口のバランスを保ち、持続可能な街づくりを進めている。実際、平成20年から28年までで年平均207戸の増加となっている。

イ．住み替えシステム

　　さらに、住民のライフスタイルや家族構成の変化などに対応したサービスとして、「100％買い取りサポート」が行われている。子育て、子育て後、老後などの家族構成の変化などによっておこるライフスタイルの変化に対応したサービスで、ユーカリが丘の中での住み替えのため山万が分譲する物件を購入する際に、現在の物件の査定額100％で買い取り住み替えに充てることができる仕組みである。買い取った中古住宅は、リフォームを行い新築価格より安い価格で再販売される。また、ユーカリが丘内の高齢者

	平成元年	平成5年	平成10年	平成15年	平成20年	平成25年	平成28年
人口（人）	8,602	11,408	13,142	13,985	15,128	16,828	18,194
世帯数（戸）	2,329	3,293	4,070	4,711	5,650	6,524	7,303
世帯人員（人／戸）	3.69	3.46	3.23	2.97	2.68	2.58	2.49

　出典: 佐倉市統計書より作成

施設への住み替え時にも、自宅の買い取り実施や賃貸に際しての一定の賃料が保証されるなど、地域内住み替えを支えるシステムが確立されている。実際、年間50件ほどの住み替えシステムの利用者がいると言われており、分譲開始時期が早いユーカリが丘1丁目などで立て替えなどが進んでいる。まさに、住み続け、住み繋ぐまちづくりが行われている。

ウ．計画的人口増と連動した教育・医療施設やコミュニティバスの整備

分譲戸数の制限や住み替えシステムを進める一方で、認可保育園や子育て支援センター、学童保育所の整備などを計画的に進め、子育てしやすい街づくりを進めるとともに、医療についても、周辺の

図表3-29　ユーカリが丘土地利用計画

医療系大学との連携や医療モール、集合医療クリニックを駅周辺に誘致、整備している。さらにコミュニティバス（山万による地区内大規模商業施設とユーカリが丘駅並びに各地区を結ぶ路線の運行）、そしてユーカリが丘の外周を繋ぐ形で佐倉市コミュニティバスの整備が計画的に行われるなど、街の利便性を高めている。こうした事業が総合的に進められることにより、多様な世代がバランスよく住み続けることを可能とし、結果、街全体の活性化に

繋がっている。

②魅力を高める土地利用と骨格としてのユーカリが丘線

ユーカリが丘には京成本線のユーカリが丘駅があり、そこを起点に環状の山万ユーカリが丘線（モノレール）が走っている。この環状線は、13分でタウン内の6の駅を一周し、各駅に10分以内にアクセスできるよう住宅地が配置され、この環状線の中心部には農地等自然的環境が残されたドーナツ状の土地利用がなされている。

街の玄関口であるユーカリが丘駅を中心に、買い物・娯楽・医療・文化施設などの都市機能に加えて、シティホテルや高層住宅棟が配置され、商業と住居が一体化した複合エリアを形成している。2016年6月には、ユーカリが丘駅周辺部に大規模商業施設（イオンタウン約12.7ha、148店舗）が立地し、地域、広域の中心性を一層高めている。

さらに、北部エリアの約15haに医療施設や老人福祉施設、ユニークな学童保育併設型グループホームなどが整備された福祉の街エリアがある。また、集落・山林・農地が集団的に存在するとともに、ユーカリが丘全体として開発当初から建築協定・緑化協定が結ばれ、景観、美化を意識した街づくりが続けられている。

このように、ユーカリが丘線を骨格に、良好な住宅地や田園地区、福祉、医療施設が計画的に開発・整備、保全された土地利用がなされ、街の魅力となっている。

③数々の受賞

ユーカリが丘では、全国に誇れる様々な取り組みが行われているが、その結果、多くの賞を受賞している。1984年度の「山万ユーカリが丘線」が国際交通安全学会賞（業績部門）を皮切りに、建設大臣賞（1987年度）、日本不動産学会業績賞（1999年度・街の成長管理）、住宅金融支援機構理事長感謝状（2015年度・地域包括ケア先端事例）など、約12の受賞歴を持っている。（山万株式会社「夢百科」第10号より）

先進的な取り組みへの外部による評価を、自らの街づくりへのエネルギーとして、さらに住民の自慢、誇りとして良い循環を創り出し、共に創る住み続けるまちづくりへの動機づけとなっていると思われる。実際、こうした受賞は、

住民、あるいは山万の社員一人ひとりのまちづくりのモチベーションになっていることは事実であろう。

3）住み続けるためのまちづくり活動
①まちの価値を高める山万の総合的事業の展開

まちづくりを進める山万は、多様な事業をユーカリが丘で展開しまちづくりと会社経営を有機的に関連づけ、進めている。

分譲事業、注文住宅、リフォーム・インテリア事業、アセットソリューション事業（売買・賃貸・住み替えサポート等不動産資産運用の提案）に加えて、鉄道事業（ユーカリが丘線）やコミュニティバスの運行、福祉事業（学童保育併設型グループホーム、介護老人保健施設他）、子育て支援事業（ユーカリが丘総合子育て支援センター、学童保育、認可保育園の誘致など）、タウンセキュリティ事業（24時間365日巡回警備のタウンパトロールやパトロールセンターの運営）、グリーンライフ事業（緑豊かな景観維持）、アグリ事業（安心安全の食の提供）などの街づくりに関わる事業を総合的に計画、推進している。このような、まちづくり全般にわたる取り組みにより、開発事業の採算性を高め、ユーカリが丘全体の魅力を高めることと市場価値を連動させるというまちづくりを進めているのである。

また、こうした事業のコアとして、山万の「エリアマネジメントグループ」がある。担当職員が各家庭を年3回訪問し、相談や要望に応えるなど長期的なサポート体制と取り組みを行っている。こうしたプロセスを通して、ライフスタイルに合わせた建て替えや住み替え、リフォームの相談、子育て支援や高齢者福祉、さらに独り住まいの方へのサポートなどのきめの細かい対応を行い、住民と開発事業者とのコミュニケーション、信頼を強め、具体的なまちづくりへの距離間を縮めている。

加えて、社員の多くがこのユーカリが丘に住んでいるという。街づくりへの責任と役割を自覚せざるを得ないであろう。販売撤退型ではない、継続的に責任を持ちつつ自らも発展、持続するという視点と姿勢を持った山万による成長管理型のまちづくりへの具体的な取り組みがなされている。

②住民による多様な活動の推進

　一方、住民が中心になって行われる自治会活動なども活発に行われている。その主なものを挙げると以下の通りである。

　○自治会活動：現在、31の自治会があり、地域全体としてはユーカリが丘地区自治会協議会がある。主な活動としては、共同事業でありユーカリが丘最大のお祭りである「ユーカリ祭り」、防犯活動（防犯フェスティバル開催、自主防災活動）、災害時見守りなどである。

　○ユーカリが丘地区社会福祉協議会：ユーカリが丘を含めた地域で、福祉について支援を必要とする人（高齢者、障がい者、子育てなど）やその家族に対して地域の人々と協力しながら解決を図ろうとするボランティア団体。「敬老の集い」をはじめとする各種交流・支援事業やイベントなどを展開している。

　○NPO法人クライネスサービス：住民が立ち上げたボランティア組織で、防犯、防災、環境、福祉などの場面で活躍する人々を繋ぎ、防犯パトロールや各種イベントの手伝い、環境美化の活動などを行っている。

　○NPO法人ユーカリタウンネットワーク：ボランティア団体やサークル、福祉施設・団体、小中学校、商業施設、企業と連携して、まちの活性化などをめざして7つのプロジェクトチームが活動している。（例：フォーラムチーム：ユーカリが丘地区治会協議会、ユーカリが丘地区社会福祉協議会と共同で「防災フォーラム」を開催）

などの多様で横断的な活動が行われている。

　そして、こうした活動は、周辺地域や元々地区に在住の世帯も含めた活動として取り組まれているとともに、山万による活動支援（人的、物的、金銭的、あるいはNPOの設立支援など）や自治会協議会への開発計画の情報提供などの協力・友好関係も築かれている。住民と企業によるまちの魅力・価値を高める、住み続けるための活動が継続して行われている。

　4）これからのまちづくりの方向

　ユーカリが丘の成功の要因は、開発に当たった山万が、分譲撤退型の開発ではなく、腰を据えて地域の成長を見据えた事業を丁寧に行ってきたことにある。

まさに「まちづくりマネジメント」の取り組みである。確かに、開発初期の地域では高齢化や少子化の動きも見受けられるが、開発戸数を年間約200戸に抑え、人口構造のバランスにも配慮した住み替えシステムを導入する。また、住民のライフスタイルに対応した住み続けるまちづくりに向けて、子育てや教育、高齢者福祉、環境や安心・安全に向けた機能の整備や導入など総合的にマネジメントし、自らもメンテナンス関連や、ホテル、社会福祉法人への事業を拡大、発展させつつ持続的に行ってきたことは、他に例を見ない。

　また、住民活動の面でも、文化・スポーツ活動などの自主的活動はもとより、開発前から住み続ける住民やユーカリが丘を含む周辺地域と一体となった自治・自主的活動が行政、山万グループによる協力・支援関係の中で取り組まれている。

　職・住分離の住宅団地開発から、持続可能な成長管理型のまちづくりに向けた様々なまちづくり手法が、研究、実践されている。責任ある「まちづくり」主体の存在と、持続可能なまちづくりに向けた福祉、子育て、環境づくり等々の総合的な成長管理の視点と手法が、ユーカリが丘の魅力を、そして「まちの価値」を高め、持続可能性を高めている。郊外住宅地で顕在化している諸課題への対応策検討の参考となる価値ある事例といえる。

（増田　勝）

第4章　ベッドタウンをどう変えていくか

1　事例から読み解く特質すべき社会活動

　第3章「郊外住宅地の現状と試み」において、5つの郊外住宅地エリアから、7つの郊外住宅地の現地踏査やデータ分析、ヒアリングなどを通して、住宅地の「沿革」「何が起きているのか」「住み続けるためのまちづくり活動」について論考した。

　この調査から明らかになったことは、家族構成の減少と新陳代謝の低下により、人口が急減し、急速に高齢化が進展している姿であった。

　ケーススタディで取り上げた郊外住宅地は、1960年代〜80年にかけて開発された。ベッドタウンとして開発されたため、生活を支える最低限のサービス機能が整備されたが、地域内にはめぼしい産業（なりわい空間）はない。都心までの通勤時間が1時間を超える。最寄り駅からバス便（一部地域ではモノレール）で20分程度かけ住宅地にアクセスする。

　丘陵地を開発したため、住宅地内の傾斜がきついなどの立地特性から、一事例を除き、郊外住宅は人口減少と高齢化が進展し、著しい住宅地の衰退が進行している。

　調査から、郊外住宅地の同質性コミュニティを形成してきた自治会などでは、社会関係資本を蓄積していくための社会活動に対する関心度や課題解決に対する地域力が異なっていることが明らかになった。

　自治会などが積極的に地域の困りごとの解決や住み続けるまちにするため、まち再生に向けて試行錯誤を繰り返し挑戦しているところもあれば、高齢者の居場所づくりや地縁組織の再編成にようやく着手するなど、住民の自然発生的

な社会活動に差が生じている。

　このような状況を踏まえ、特質すべき社会活動を拾い上げ、郊外住宅地再生につながる社会関係資本と社会活動との関係性を明らかにする。

（1）家族機能の変化と地縁組織の弱体化

　郊外住宅地の大半は地方からの転入者により、同質性コミィニティが形成されてきた。入居第一世代は、高学歴のホワイトカラーが多く居住し、住民の自治意識、権利意識が高く、生活環境防衛のための住民運動（都市計画道路、ゴルフ場建設に伴う環境問題など）が生まれ、行政や政治に対して解決を求める活動が活発な時期があった。一方、生活防衛、環境改善の活動に止まらず、生活の楽しみや居住環境形成などの活動も活発に行われてきた。

　農村社会や既成市街地と比較し、住民同士の関係性が稀薄な郊外住宅地では、世帯内の問題は世帯内で処理し、地縁組織は世帯を超えた領域の生活環境の維持やコミュニティに係わる活動を受けもってきた。

　ライフスサイクルの変化により、成人になった子供が親世帯から独立し、単位となる世帯人数が減少し、家庭内新陳代謝が低下することで、高齢単身・高齢夫婦世帯が急増している。その反面、家族が従来持つとされてきた、親の扶養や介護、出産や養育の機能の低下を招き、「住民個人の困りごと」が地域社会に外部不経済として発生してきた。

　地域の活動に参加することが難しい世帯が増えてきことで、自治会などの地縁組織の加入率が低下し、地縁による共助の担い手が乏しくなり、地縁組織の弱体が進展している。例えば、「苦肉の策により自治会役員の1年交代制」「くじびきによる役員の選任」「行政からの依頼により役職を一人で何役も受けざるを得ない役員の心労・負担の増加」などから、役員をやりたくないために自治会などからの退会が日常化している。

　更に、密度低下により、従来、生活圏の中で様々なサービスを提供してきた、小売り、飲食、病院、銀行、郵便局やバス運営など、社会サービスが成立する必要人口を下回り、撤退や縮小がはじまっている。

移動が困難な高齢者などの交通難民。買い物に行くことが難しい買い物難民。病院に行くことが困難な医療難民問題が発生している。

小中学校も児童・生徒の減少により、統廃合が進められ、地域内での子どもに関わる社会活動の減少、ひいては親世代の地域でのつながりが弱くなる現象が生じている。

（2）困りごとを解決する多様な社会活動

事例分析から明らかになったことは、ただ手をこまねいているのではなく、現実を直視し、住み続ける地域にしていくために、様々な試行錯誤の実態が浮かびあがってきた。

例えば、団塊の世代が音頭とって、熟年世代や子育て世代などを取り込みながら、住民間で協働する活動。団塊世代が社会活動の経験を活かし、行政が後方支援に回わり住民が多様な主体と連携するなど「新たな協働」の政策実験。自治体主導による地域運営組織づくりや自治会などの地縁組織の再生の仕掛け。若者や事業者によるコミュニティカフェ、サード・プレイスの場づくり活動を通じた、コミュニティ再生の仕掛けである。

このような挑戦は、地域の困りごとを解決する共助の担い手が乏しい現状を踏まえ、多様な主体との連携による公・共・私による暮らしを支えるためのプラットフォームづくりを通じた、共助の場を創出する試みといえる。

①住民個人の困りごとを解決する社会活動

ア．鎌倉市今泉台町内会、鳩山町鳩山ニュータウンの住民有志による買い物代行サービスや病院への送迎サービスを行う「お助け隊」などのボランティア活動。龍ヶ崎市地域づくり協議会による買い物、送迎などの代行サービス。

イ．横浜市栄区湘南桂台自治会では、非営利の有償で生活支援を行う団体、「グループ桂台」による、「家の掃除」「料理による食事の提供」「高齢者の介助・付添い」「庭の手入れ」「育児支援」などのコミュニティビジネスの運営。湘南桂台・桂台地区の高齢者世帯への宅食サービス「ゆう」による高齢者

　の「食」サポート活動。

ウ．龍ヶ崎市長山地域コミュニティ協議会では、地域内相互互助システムによる高齢者宅の在宅支援活動。

②引きこもり高齢者をなくす活動

ア．横浜市栄区湘南桂台自治会「桂山クラブ」では、地域の高齢者が誰でも参加者ができるように、会員一人一人の健康状態、体力の状況を把握し、高齢者による体力・能力の低下や消極的気質から、親睦会的なおしゃべり会に工夫を凝らした「トーキング」サークル活動。

イ．龍ヶ崎市長山地域コミュニティ協議会では、高齢者の生きがいや引きこもりをなくすための「長山ゆるカフェ」の運営。

③空き家・空き地の環境整序活動

ア．横浜市栄区湘南桂台自治会では、正会員、2世帯住宅会員、準会員（空き家・空き地の所有者）を設けて、準会員の自治会加入により、自治会が空き家・空き地の維持管理に関する情報提供や空き地などの管理を行い、住環境の効果的な維持活動を展開。

イ．鎌倉市「タウンサポート鎌倉今泉台」では、空き家・空き地の実態調査を毎年度実施し、所有者情報を把握。更に、所有者と空き地の管理契約を締結し、空き地を菜園や花壇に変える環境美化活動、菜園で取れた野菜と近隣農家と連携したマルシェの定期的な開催や空き家を活用したコミュニティハウスの運営。

④地域のつながりづくり活動

ア．横浜市栄区庄戸地区「五町連絡会」では、庄戸クリーンアップ作戦や多世代交流「はなみずき」、「子育てサロン」活動。今まであまりコミュニティ活動には縁遠かった若い子育て主婦の多くの参加を得て好評だった。そこで、第2世代の新規転入者や若年層に呼びかけて、ワイガヤ会議「庄戸の未来を考える」サロン活動を展開。

イ．鳩山町の鳩山ニュータウンでは、タウンセンター店舗跡地を活用し、コミュニティ・マルシェ事業の指定管理を受けたRFIが、まちおこしカフェ、情報誌の発行、各種イベントなどを通じた、サード・プレイスの場づくり。

ウ．厚木市鳶尾団地では、住民有志がタウンセンターの空き店舗を活用して
「TOBIO ギャラリー」が開設された。コミュティカフェ活動が契機になり、
空き家を活用した「ロックＶファイブ」「つどいカフェもりた亭」などが誕生。

⑤買い物難民、交通難民をなくす活動

ア．横浜市栄区庄戸地区では高齢者が利用しやすいバス路線や地域内を縦貫
するバスの小型化に向けた、バス事業者と横浜市、住民による協議の開始。

イ．横浜市栄区湘南桂台が中心となり消費難民化を防ぐために、地域の大型
店の経営を安定させるため、自治会連合会との協働による「ミセコン」、地
域大型店利用促進運動の展開や２階フロアーの一部のコミュティスペース
充実など、店舗と自治会連合会による活用推進作戦を実施。

（3）将来を見据えた「まち」再生活動

①将来を見据えた地域ビジョンづくり

ア．横浜市栄区「上郷東地区まち再生・活性化委員会」では、横浜市をオブザー
バーに迎え、まち再生ビジョンを策定。その概要は、閉校になった中学校
を多世代が活き活きと暮らすまちを支えるためのサービ機能への転換や事
業運営手法の研究。都市計画道路上郷公田線開通に伴う交通利便性の向上
とバス路線新設やコミュニティバス導入の具体化に向けた活動を展開。

イ．鎌倉市「タウンサポート鎌倉今泉台」では、中長期の視点から空き家、
空き地を活用し、コミュニティハウスを中心に高齢者サービ拠点、認知症
デイサービス施設、認知症グループホーム、サービス付き住宅などをネッ
トワークする「今泉台まちぐるみ地域包括ケアシステム」の検討。

②ライフスタイルの変化に対応した、サービス機能の追加

ア．鳩山町では、鳩山ニュータウン、タウンセンター施設の西友リビングの
撤退に伴い、跡地をコミュニティ・マルシェに転換している。また、ニュー
タウン内の旧松栄小学校跡地は特別養老老人ホーム、包括ケアセンター、
多世代型交流センター機能に転換し、高齢化社会の対応、住民の交流機能
の拡充に向けたサービス機能の充実。

イ．佐倉市のユーカリが丘では、事業者である山万による成長管理型まちづくりによるマネジメントが徹底されている。第一入居者のライフスタイルの変化に対応して、特別養老老人ホーム、高齢者のデイケアサービス、学童保育施設などの整備・運営。

ウ．横浜市栄区湘南桂台自治会が中心となり、近隣自治会と連携して、老後を助け合ってこの地域で生きていこうという動きが生まれ、障がい者や高齢者の生活を支援施設の誘致活動が実現し、横浜市が1999年5月に地域ケアプラザを開設。

③住環境保全・街並み形成の活動

ア．横浜市栄区湘南桂台地区では、宅地開発当初から「建築協定」により低層宅地としての良好な住環境を維持・保全してきた。しかし、建築協定の期限切れに伴う更新を行うたびに、協定に同意しない宅地（穴抜け宅地）が増えてきた。そこで、建築協定の期限切れに向けて、まちづくり委員会を設置し、検討の結果、建築協定から「地区計画」への移行と横浜市まちづくり推進条例による「まちづくり指針」の併用案が提案された。住民アンケートの結果を踏まえ、二世帯同居住宅容認のルール改正を行い、法的拘束力が強い「地区計画」移行、地区計画を補完する「まちづくり指針」を採択し、2001年5月に地区計画が都市計画決定された。

（4）縮小社会を見据えた自治組織・地域運営組織構築の試み

世帯人数の減少による家族機能の変化、地縁組織の弱体化など、このような状況を放置すれば、地域の困りごとは深刻化し、社会問題となる。

事例からも潜在的な危機に対応して住民の生活や暮らしを持続可能にするための活動が試みられている。

①自治会組織にまちづくり機能を位置づける（自治会主導型）

横浜市栄区湘南桂台自治会は「住民自治」に依拠した「自治まちづくり」をめざして自治会加入率を100％にする」方針の下、まちづくりを展開している。地区全世帯加盟の自治会だから、まちづくり委員会を中心に、まちづくりルール、

商業問題、高齢者福祉問題、空き家問題など総合的な取り組みが行われている。

②行政と住民との連携による自治組織の再構築（行政と住民との連携型）

鳩山町が中心となり鳩山ニュータウン内の自治組織の再構築に向け、町は2014年3月に「鳩山ニュータウン地域の自治組織のあり方委員会」を設置し、15年3月に答申がされた。その答申を受け、13街区ごとに自治会設立を目指して住民が主体となり、街区ごとの意見交換を重ね18年10月に13の自治会が設立され、同時に13自治会が参加する自治連合組織が誕生した。

③行政主導による地域運営組織づくり（行政主導型）

龍ヶ崎市では人口減少、高齢化が急速に進展する状況下、地域の困りごとを行政サービスによって全て対応していくことは、難しい状況であった。13学校区に設置した公民館を、2011年にコミュニティセンターに改め、地域コミュニティの活動拠点とした。

自治会と多様な活動団体との協働で、地域コミュニティ協議会を順次設立し、住民相互の信頼と連携による住み続ける地域社会の実現に向けた住民主体の地域づくりがはじまり、現在までに協議会は市内13カ所に設立されている。

④町内会の限界を支えるＮＰＯ組織（自治組織とＮＰＯ連携型）

鎌倉市今泉台町内会では、地縁組織としての町内会の限界を支え、中長期の視点から地域課題を解決し、住み続けるまちにしていくために、「町内会とNPO組織の両輪」によるエリアマネジメントの仕組みづくりを提案し、「NPO法人タウンサポート鎌倉今泉台」が誕生した。

⑤行政の後方支援による住民まちづくり懇談会（行政後方支援型）

横浜市栄区役所では、郊外住宅地開発を契機に同世代の働き盛りの人々が一斉に流入した。その後、まとまって高齢化を迎えたことで、まちの活力の低下や空き家・空き地の増加による住環境の低下、まちの安全・安心への懸念が見込まれ、これらの対策を考えていくことが必要と考えた。

栄区で営まれる区民生活の質の向上を中心に据えたまちづくりについて、区民と一緒に「まちのあるべき姿」を整理するために、区主催の「栄区まちづくり懇談会」を設置し、提言を2011年度にまとめた。

この提言を受けて、庄戸地区の五町会で「五町会協議会」を結成し、まちづ

くり活動が行われている。

⑥事業者がサポートする地域横断的な活動組織（事業者サポート型）

ユーカリが丘には、31の自治会と地域全体のユーカリが丘地区自治会協議会、NPO法人クライネスサービス（防犯、防災、環境、福祉部門などで活躍する人々を繋ぐ各種活動を展開）、地域内の自治会、活動団体、事業者で構成する、NPO法人ユーカリタウンネットワークなど多様で、横断的な活動を展開している。

こうした活動は、山万による活動支援（人的、物的、金銭的、あるいはNPOの設立支援など）や自治会協議会への開発計画の説明などの情報提供など、協力関係が築かれている。開発事業者は後方支援を行い、住民と活動団体、事業者などによる、まちの魅力・価値を高める活動が継続している。

郊外住宅地では、同質性コミュニティ形成からはじまり、縮小社会を見据え、今起きている地域の困りごとの解決。将来を見据えた、まちの再生の取り組みなど、様々な試みが自治会などと活動団体、ＮＰＯ、事業者、行政との連携・協働により、地域の実情に合わせた創意工夫や試行錯誤が続いている。

近年、住民ニーズの多様化や財政制約の高まりの中で、防犯・防災、福祉、介護、子育て、まち再生の課題を行政だけで解決するのは不可能という考え方が広まっている。これからは、ベッドタウンが抱えている問題を共有し、地域で問題を解決していくために、自治会と活動団体、NPO、民間企業などの様々な主体の力を結集しないと安心して幸せに住み続ける地域社会は実現できない。

そのためには、住民・自治会などと多様なアクター間において「自発的な協力関係、協働関係」が生まれなければならない。

（長瀬光市）

2　地域資源のストック評価

（1）地域資源のストック評価とは

　ベッドタウンから脱却し、まちを再生していくためには、まず改めて地域を知ることが大切である。住民などのまちの使い手が自ら地域の成り立ちから開発計画と建設プロセスのあり様、そして現状の環境などを知り、将来に残し活用すべき良いところ・ことと改善すべきところ・ことを整理し、問題・課題の要因や関係性を明らかにし、具体の対策を検討、実践していく必要がある。そして、将来に残すべき良いところ・ことは、まちが抱える問題・課題の解決に寄与する可能性があるだけでなく、将来のライフスタイルや豊かさ、幸福感の共感と創出に深く関係していくものであり、まちの再生の礎となる重要なストック資源であるといえる。こうした地域資源を発見・発掘し、積極的に活用し、資産として磨きをかけ、問題・課題の解決にも寄与させながらまちの再生につなげていくことが期待されるのである。ここでは改めてベットタウンの特殊性を踏まえ、そのストック資源について考える。

（2）ベットタウン形成の特殊性

1）短期間に出現した計画的で上質な大規模住宅開発

　ニュータウンをはじめとする郊外住宅地は、ベットタウンとして急激な大都市への人口流入を受け止め、無秩序な都市域の拡大への対策として、1950年代から広大な開発可能地が残る郊外丘陵地などで大規模な計画的開発が進められた。その特徴は、既存市街地とは連担しない閉鎖的完結的な開発として、一般市街地では考えられない上質な居住環境を計画的かつ比較的短期間で出現させたことである。例えば、先の事例で紹介した竜ヶ崎ニュータウン（北竜台地区）は、丘陵部の豊かな緑の中に開発され、道路率19.6％、公園緑地率6.5％と高い整備水準であり、上下水道の完備はもちろんのこと、近隣住区論を基本に道

路の段階構成を駆使して、通過交通を排除した歩車分離の道路網が配置され、安全で閑静な居住環境区が確保されている。住区の単位にあわせて小・中学校や公民館が配置され、中央センター地区には商業サービスの拠点が形成されている。近隣住区論は基本地域単位－日常のサービス単位として必要な諸施設をシステム的に段階配置していくことを原則としているが、開発事業では徹底するまでには至らず、住区ごとに事業と入居を並行させながら、近隣のセンター地区などに当面必要なサブ的商業サービス施設を暫定的に誘致していったが、中央センター地区が整うと計画変更や住宅地として分譲するなど事業採算の面が優先された。加えて、保育所や老人施設、娯楽施設などは外部依存しており、偏った施設構成になっている。人口集積とともに、コンビニエンスストアーや診療所などが自然発生的に立地してきたが、用途純化を基本に戸建てを想定した用途地域や建築協定により、こうした施設立地を規制しているのも事実であり、閑静ではあるが同時に閉鎖感を助長しているとも感じられる。事業完了後は、開発事業者は撤退し、まちづくりをフォローする工夫もなく、その管理は行政に委ねられ、住民の施設の要求や学校の生徒の急増と減少の対応などに追われた。人口減少と高齢化が進む今日では上質な都市環境の維持をはじめとして行財政を圧迫していることは容易に想像できる。また、工業団地の造成とあわせて、誘致施設用地などを整備・計画して職住近接型の複合多機能都市を目指したが、自立するまでには及ばず、郊外住宅都市としての様相に落ち着いている。

　これらの大規模住宅開発を通じて、住宅地開発の計画・事業の技術開発・習熟、都市デザイン手法の進化などが進み、上質な都市環境を創出したが、一方で、おおよそ半世紀を経ても、閉鎖的硬直感がまちの表情を単調にし、まちの生活や文化までも規程しているかのようにも感じられる。短期間で自己完結的な開発としての事業化と、同質的な人々の集積やまちの機能の偏りが、ライフスタイルやワークスタイルの変化などとともに持続可能性を危うくしている、時代の変化に柔軟に応えることが難しいまちでもある。

　2）おおよそ半世紀の間、憧れの地で育まれたコミュニティ
　郊外の大規模住宅開発地では、開発当初、事業主から円滑に地域の維持管理

を移行すべく、入居にあわせて自治会・町内会などの地縁組織が設置された。憧れの地－生活の場として、全国各地から集まってきた居住者、特に同質的な人々により形成された新しい同質性コミュニティである。その同質性は新たな生活の場を共有するという帰属意識を育み、地域活動は活発化する。住環境の維持をはじめとして交通安全、防犯・防災、美化活動などの活動とともに、地域の文化祭や祭りなどを誕生させ、住民間の信頼とつながり、新しい生活の場への愛着を醸成していった。開発からおおよそ半世紀を経て、世帯分離などによる人口減少と高齢化を背景に、こうしたコミュニティの存続が危ぶまれてきているが、一方では協議会などの新たなコミュニティの枠組みを創出するなどの試みが始まっている。こうした憧れの地で育んできた社会関係資本を、柔軟かつ発展的に充実していくことが期待される。

（3）ストック評価の視点

　ベッドタウンのストック評価は、先に述べたように、持続可能なまちとして再生する上での「礎」となるものであり、まちの使い手となる人々がまちに対する気づきや点検、議論など、まちを「使いたおす」ための動機づけにつながることを期待するものである。したがって、その対象は現時点でのまちの良いところ・こととともに、今は劣化、陳腐化したが、かつては上質であった環境や自然などの記憶、変容のあり様なども含めて考えるべきであろう。また、その評価では、仮説として、まちづくりの条件、方向性と連動し、期待される目標像の側面をも持つと考えられる。持続可能なまちとしての再生に向けて、地域資源を「資産」化し、その魅力やアイデンティティを高めていくことが期待されるわけであるが、それ故、まちの問題・課題の解決も含めて、こうした発展的なスパイラルにつながる、あるいはその可能性を高める「萌芽」となるものや活動なども重要な資源であると考えたい。

　こうした考えに基づき、ここではまちの成り立ちの前提となっている立地条件と物理的空間、社会的空間、なりわい空間の4つの枠組みから地域資源の評価の9つの視点を整理した。まちの地域資源は固有のものであるから、各地域

ごとに資源を発掘・発見して、まちづくりに活かしていただきたい。

（4）地域資源の評価　"気づき"を促す9つの視点

1）まちの立地条件
視点1．まちづくりの前提としてその立地条件を考える

　憧れの地−生活の場として都心への通勤時間が1時間半を超えるまでに遠隔化した郊外住宅地。今や、若い世代には1時間を超える通勤は敬遠され、郊外住宅地では世帯分離などにより人口減少や高齢化が急速に進んでいる。ライフスタイルやワークスタイルが変化するなかで、就業の場や働き方の選択の前提となる交通条件はまちの再生の重要なポイントとなる。また、バスなどの公共交通の低下は高齢者をはじめとするいわゆる交通弱者には多大な不便を強いることになり、交通難民、買い物難民などの問題を発生させる。まず最寄りの駅は歩行や自転車などで利用できるか、あるいは駅を結ぶバスが維持されているか。さらに、周辺の就業の場、集積地へのアクセス性をはじめ、買い物や病院、福祉施設などの主要な施設、地域などを連絡する公共的な移動システムの有無はどうかなどは、まちの再生の大きな前提となる。

　また、郊外住宅地はその多くが大規模開発として進められ、母都市の人口集積の重心に影響を与えている。母都市の全人口の何割を占めるのか。それにより公共・公益的施設の配置や政策上の位置づけなども変わってくる。

　さらに、まちの周辺環境に魅力的な環境を有していることも確認したい。海や山などの自然、歴史・文化の蓄積、娯楽・レジャーなどの魅力的な近隣環境があり、こうした地域性に拘り、個性的な活動やブランド化などが進んでいることも、まちのアイデンティティの創出につながる強みといえる。

　＜評価したいところ・ことの例＞
　○交通条件
　□駅へのバス利用が維持され、パークアンドライド方式などの工夫がある
　□買い物や医療・福祉などの施設を連絡するバスなどの移動手段がある
　○母都市との関係性

□母都市の人口や公共投資の重心で、まちの再生が政策課題となっている

〇まちの魅力となる周辺環境

□自然、歴史・文化、娯楽などの魅力的な近隣環境がある

□魅力的な周辺環境に拘り、個性的な活動、ブランド化が進んでいる

２）まちの物理的空間資源

視点２．身近に自然豊かな環境がある

　郊外の丘陵部に開発された大規模な住宅地。そのまちを取り囲む豊かな自然や水・緑環境はまちの閉鎖性を高めている反面、暮らしにゆとりとうるおいを与え、時にまちに対する誇りやシンボル的要素ともなって、郊外ならではの人間らしい生活空間を創出している。周辺に豊かな緑・水環境があり、多様な動植物が生息し、街路樹などでまちにつながっていること。さらに、こうした緑・水環境が住民などにより管理され、散策や生態観察などができる状況にあることは、まちで暮らす価値を高めることにつながっていく。

　＜評価したいところ・ことの例＞

◆身近に自然が残っている

□地区周辺にまとまった緑・水環境があり、明確な境界が保持されている

□地区周辺には多様な動植物が生息している

□地区周辺の緑・水環境と街とは街路樹や公園の緑でつながっている

◆積極的な環境への拘りが地域のアイデンティティへ

□地区周辺の緑・水環境は下草刈りなどの管理が行われている

□地区周辺の緑・水環境では散策や生態観察などができる状況にある

□地区周辺の緑・水環境とまちを街路樹などでつなぎ、身近に野鳥などに親
　しめる工夫がある

□緑・水環境と生態を有志、自治組織、ＮＰＯなどで維持・管理している

視点３．まちの環境維持のためのルールと適度な新陳代謝がある

　郊外住宅地では多くの地区で地区計画制度や建築協定などのルールを定めている。ルールは土地利用の硬直化につながっているかもしれないが、良好な居住環境の維持に寄与してきたことは事実であり、我がまちの環境の質を維持し

ようとルールを共有してきた、あるいはそのための努力を地域で進めてきた前
向きな意識、姿勢は、まちの再生に向けた大きな力となる。

　また、まちになじみながら適度な住宅の建て替え、住み替えなどの新陳代謝
が進んでいることは、その要因を確認し、そのポテンシャルの活用などの工夫
につなげたい。さらに、空き家、空き地などの管理が進んでいることは、その
程度にかかわらず、すなわちまちの再生そのものの活動といえる。

　＜評価したいところ・ことの例＞

◆まちの環境を維持するルールを共有している

□地区内にオープンスペースが多く、ゆとりある街区、生活空間がある

□地区内に水・緑空間が多く、ガーデニングを楽しむ生活空間がある

□将来に活用できる未利用地が保全されている

□各種協定や地区計画などのルールを共有し、空間の質を維持している

◆まちの新陳代謝や空き家などの管理が進んでいる

□まちになじみながら適度な住宅の建替え、住み替えなどが進んでいる

□空き家など老朽した建物などが意味なく放置されていない

視点４．上質な都市基盤と優れた景観が維持されている

　郊外の大規模住宅開発地は一般市街地に比べて圧倒的な上質な都市基盤と優
れた景観を有している。これらは紛れもないストック資源であり、その水準を
保ちながらライフスタイルの変化に応じていかに改変していくかが課題となる。
子供たちが少なくなり、高齢化が進み、身近な公園や緑道などの利用も減るな
かで、そのバリアフリー化など利用者ニーズに応じて日常の生活空間として利
用するための工夫、試みにも注目したい。

　＜評価したいところ・ことの例＞

◆道路、公園が計画的に整い、優れた街並み、景観が維持されている

○まちの眺めが心地よい

□森や山々の遠景、眺望が美しく、まちの広がり、界隈性を実感できる

□まちの中心拠点やそのアクセスする道路などが緑化や空間デザインにより
　　シンボル性が際立ち、わかりやすいまちの構成になっている

□広場、路上の緑化や各戸の植栽などにより、まち並みが心地よい

□まちの空間や建物がデザイン的に優れていて魅力的である

〇都市基盤 (道路、緑道、公園)

□通過交通の抑制などの工夫があり、歩車分離の道路構成になっている

□各戸からのアクセスが容易で、公園や主な施設などをつないでいる

◆利用者ニーズに応じて日常の生活空間として活用、工夫されている

□歩行空間は著しい勾配や段差もなく、公園やバス停などに安全にアクセス
　できる

□植栽、シークエンスなど楽しく歩くことができる環境が整っている

□利用者ニーズに応じて、遊具や設備が維持され、バリアフリー化など誰も
　が利用しやすい状況にある

□身近な道路や公園などの清掃や管理は住民、自治会などで行い、イベント
　の開催などその利用も工夫されている

視点5．生活利便を支える都市機能が維持されている

　郊外の大規模住宅開発地では多くの場合、近隣住区論を基本として、日常の生活サービス施設が配置されている。しかし、世帯分離などを背景に、まちの人口が減り、少子高齢化が進む中で、児童・生徒の減少による空き教室の増加や学校の統合、商業サービスの拠点からの核店舗の撤退などが顕在化している。こうした状況は、母都市の都市構造にも大きな影響を及ぼすこともある。学校や商店などの生活利便施設の集積、賑わいが維持されているか。高齢化などを背景に、変化する生活ニーズに応じて、生活利便や賑わい、ふれあいを育む試みが実験的にでも進められていることは重要である。

　＜評価したいところ・ことの例＞

◆学校や商店などの生活利便施設の集積、賑わいが維持されている

□学校や公民館などの公共施設が維持されている

□ショッピングセンターなどの中心的な生活利便施設が維持されている

□街に人が賑わう場所があり、人の集まれる機会やイベントなどがある。

□近隣センター周辺には、文化・娯楽・飲食・就業などの多様な施設があり、
　集積感の都市空間が形成されている。

◆生活ニーズに応じた生活利便や交流を育む試み

□学校の空き教室や公民館などを利用して高齢者の居場所づくり、いきがいづくりなど活動が行われている

□センター地区や公的空間、空き家・空き地などを利用して、カフェやマルシェなどを開催している

□地域内で介護サービス施設や療養・リハビリ用の施設を利用できる

□高齢者入居施設がにぎわいエリアなどと近接している

□健康状況などに応じたスポーツ活動を専門的な指導の元で受けられる施設がある

□地区内での高齢者同士、子供や若者との交流機会が多い

視点６．安心・安全のまちづくりが進められている

　安心・安全な暮らしは人々が生活する上での基本であり、防犯・防災などの活動が自治会などを通じて多くの地域で取り組まれている。近年の地震や自然災害の発生に伴い、地域での高齢者などの社会的弱者の見守りや避難などのあり方が大きな課題となっている。さらに、高齢化が進み、空き家や空き地が増えるなかで、独居老人の見守りや空き家、空き地の管理の必要性も高まっている。こうした安心・安全なまちにしようという活動は住み続けるためのまちづくりの大切な一歩といえる。

　＜評価したいところ・ことの例＞

◆安心・安全なまちの空間がつくられ活動も実施されている

□災害時の避難空間として、オープンスペースが計画的に配置されている

□自主的な防犯・防災のための活動が実施されている

◆空き家の管理などのまちの安心・安全のための活動がはじまっている

□自主的な防犯・防災のための活動や組織化が充実している

□空き家の管理や独居老人の見守りなど安心・安全の活動を実施している

　３）まちの社会的空間資源

視点７．誇りや愛着が持てる文化的な環境がある

　誕生から半世紀を経て、郊外住宅地には地域固有の文化的な環境が育まれ、それを支える多彩な人材もストックされている。こうした文化的な環境や多彩

な人材はその文化的な創造活動を通じてまちの新たな交流や活力、賑わいの創出、さらにはまちに対する誇りや愛着の醸成につながるものである。

　＜評価したいところ・ことの例＞

◆まちが文化的で、多彩な人材がいる

□まちに誇りや愛着が持てる文化的、知的要素がある（歴史、文化など）

□地域情報や趣味情報、専門情報などが入手できる

◆文化的な創造活動が行われている

□まちの空間や人が文化的であり、文化的な創造活動も行われている

　視点８．魅力的な地域活動が活発である

　新たなまちとして誕生した郊外住宅地では、コミュニティ形成に向けて自治活動をはじめ祭りやイベントなど様々な地域活動が活発に展開されてきた。しかし、人口減少や高齢化を背景に、加入率の低下や担い手不足などといった、組織運営上の問題が顕在化してきている。こうした問題への対処やこれから予想される課題に前向きに対応するために、NPO などの組織の法人化や協議会などの新たな枠組みづくりなどが進められている。こうしたおおよそ半世紀の間に活発に育まれてきたコミュニティ、社会関係資本、そして新たな枠組みでの展開は、これからのまちづくりの萌芽を発展的に成長させていくための重要な役割が期待される。

　＜評価したいところ・ことの例＞

◆活発な自治会や NPO などがある

□自治会などの地域活動が活発である

□地域主体のイベントや祭りなどが開催されている

◆危機を共有し地域を育む意欲がある

○地域の創造的な活動の場がある

□各団体などの活動拠点があり、新たなサークルなどが生まれてきている

□住民自ら地域を創造・更新していく意欲があり、地域活動が熱心である

○地域ぐるみで高い自治意識を育んでいる

□大事なことはみんなで決めるという姿勢がある

□地域のビジョン形成などが行われている

□１年の活動をふり返る機会があり、活動を支えるお金も回している

□地縁組織同士で情報交換、協力連携している

○行政へ積極的にアプローチしている

□住民・地域からの政策提言を実施している

□住民・地域と行政との協働のまちづくりを進めている

○他の地域などとのオープンな交流・ネットワークがある

□イベントや各種団体の活動などを通じて広域的な交流がある

□ボランティア団体やNPO、コミュニティビジネスなどが生まれている

４）まちのなりわい空間資源

視点９．「なりわい」の集積がある、育まれている

　誕生当時の郊外住宅地は、東京都心を中心とした職住分離のベッドタウンであった。しかし、その後、東京一極集中の是正、多極分散化の政策により、工業団地の整備や業務核都市などの拠点形成が展開され、自立的な都市づくりが進められ、母都市や近隣都市圏での就業の場が拡大してきた。そして、近年、地方創生の重要な政策として、職住近接の就業の場の確保に向けた試みが展開されている。あわせて、サテライトオフィスやシェアオフィスなど従来のワークスタイルに捉われない就業の場が誕生しつつある。こうした試みは、郊外住宅地における新たな職住近接のライフスタイルの実現の可能性を高めていくものである。

　＜評価したいところ・ことの例＞

◆職住近接のための就業の場がある

□母都市や近隣都市圏に苦痛がなく通勤できる就業の場がある

□住宅に近接して生活利便施設が配置されており、利用に便利である

◆なりわいを育む試みが進んでいる

□行政や産業団体などが重要な政策として就業の場の確保を進めている

□地域内に従来のワークスタイルに捉われない就業の場がある

（田所　寛）

3　ベッドタウンからの脱却

　ここまで本書で触れてきたように、郊外住宅地が快適な生活の場としての住環境の維持が難しくなってきたのは、ベッドタウンとして整備されてきたことが大きな要因である。入居が始まって40年以上たった郊外住宅地では、ベッドタウンからの脱却をしないと持続することが難しくなってきた。一方で、40年以上の経過はベッドタウンからの脱却の可能性を高める状況も生み出してきた。

（1）ベッドタウンを支えていた状況の変化が郊外住宅地の地域空間の姿を徐々に変容させてきた

　郊外住宅地は、既存のまちと異なり住民の構成も地域空間も殆ど変容しない生活環境であった。しかしながら、今世紀初頭から始まった我が国の人口縮小社会が進行してきた影響が徐々に郊外住宅地の地域空間を変容させてきた。空き家・空き地の発生や生活サービス施設の居住者のニーズとのミスマッチと同時に、「ベッドタウン」の整備を支えていた職住分離等の前提条件の変化も、郊外住宅地の生活環境の変容を促してきた。

　1）大都市への通勤者が中心だった居住地が多様な入居者をもたらす
　郊外住宅地が大量に供給された時期から現在に至る中で、開発の大前提であった職住分離における「なりわい空間」を取り巻く状況が徐々に変化して郊外住宅地にも変容をもたらしてきた。
　①郊外住宅地に比較的近い職場に通う新たな入居者が増えてきた
　第2章2（2）なりわい空間の変化で整理したように、職場が1時間以上も通勤時間を要する大都市中心部であったのが確実に変化しつつある。そして、このような比較的近い職場が存在することによって、住宅地価格の低下と合わせて、住宅地周辺に通勤する若い年代の入居者をもたらしている。第3章2（4）で取り上げた鳶尾団地では、周辺に「なりわい空間」が増えてきたことにより、

空き家・空き地の新陳代謝が他の住宅地より活発になっていると考えられる。

②郊外住宅地の住民のニーズに応える生活関連事業が動き出した

予想される「働き方」の急激な変化や、多様な職場（自宅やサテライトオフィス、コワークスペイス）が住宅地内や周辺地域にできて、住人のライフスタイルが変容していくのに合わせて、子育て支援やカフェ・レストラン等が生まれてきた。又、高齢者対応のサービス施設の需要と施設のミスマッチも、住宅地内に様々な形態と事業者によって福祉施設等が整備されて補完される例が出てきた。

③住民の多様な活動やライフスタイルに対応できるまちへの変容が始まる

通勤時間や労働時間の短縮は、居住地で過ごす自由時間を増やすことになり、文化やスポーツ・レクレーション活動などに必要なサービス需要を生み出してきた。ベッドタウンから「住民の多様な活動やライフスタイルに対応できるまち」に変容する圧力が増大している。

2）働き手が1人で専業主婦と子ども2人と言う標準的な家族像の変化が地域空間を変容させていく

郊外住宅地は、「団地族」から始まった戦後日本の勤労者家族の憧れの「あがりの棲家」であったが、最近、入居した若い世帯は、共働きや、単身家族など、当初の標準家族とは異なる人々が多く、郊外住宅地で標準的な、働き手が一人で専業主婦と言う世帯構造が崩れてきた。

①「共働き世帯」が「男性雇用者と無業の妻世帯」の2倍になる

厚生労働省調査（男女共同参画白書2018年6月）によると、1990年代、「男性雇用者と無業の妻からなる世帯」と「雇用者の共働き世帯」がほぼ900万世帯で拮抗していたのが、1990年代末から共働き世帯が急速に増加して、男性雇用者と無業の妻の世帯が減少し、2017年には、共働き世帯が1188万世帯に対して、男性雇用者と無業の妻世帯が641万世帯となっている。新たに入居している世帯は、住宅を購入する負担からも、殆どが共働き世帯であると推測される。

②快適な生活環境として多様な都市機能を持ったまちへの変容が始まる

郊外住宅地が建設された時代と異なり、週休2日や有給休暇の定着、最近の

働き方改革の進展等から、家族で住宅地内で過ごす時間も飛躍的に増大し、余暇活動に対するサービス機能が公園や中心地区のリノベーションで産み出されてきた。これまで「なりわい空間」が無く、商業・教育など基幹的生活サービス以外の生活施設を殆ど外部に頼ってきたまちが、文化・レクレーション機能も備えた「快適な生活環境としての多様な都市機能を持ったまち」に変容する圧力が増大している。

3）一定の土地に建設された閉鎖的な生活環境が開放系へ変容してきた

郊外住宅地は「一定の土地に一挙に建設された住宅地」であり、周辺環境（土地利用やコミュニティ等）と断絶して建設された。しかし、水準の高いインフラが整備されていたので、行政による地域の拠点的な都市機能を担うような施設が立地する例が増えてきた。

①広域的な都市機能の立地が進んできた

鳩山ニュータウンでは広域的な福祉拠点の整備が進んでいる。その他の住宅地でも、地方自治体が行政・福祉・教育・子育て支援機能などの住民サービスの拠点を設置する例もみられ、ユーカリが丘住宅地では、「なりわい空間」としての業務機能の導入が進んでいる。

②住宅地内を越えた地域コミュニティが醸成されてきた

住民が周辺の農地を借りて農業をしたり、住宅地のコミュニティ活動に周辺住民が参加するような例もあり、住宅地内の地域コミュニティが周辺のコミュニティに関わり中心的な役割を担う例も出てきた。又、住宅地内での親族による住宅の継承が少ない中で、周辺も含めた近隣に親族が住み、世代間交流が日常的に行われるようなコミュニティも形成されている。

③広域的な都市機能と地域コミュニティを持ったまちへの変容が始まる

一戸建て住宅が集積しているベッドタウンから、立地する地域の固有性を踏まえながら、周辺地域や行政地区単位の拠点的な都市機能の立地、更には文化・レクレーション等の生活関連機能なども備えた「広域的な都市機能と地域コミュニティを持ったまち」に変容してく圧力が増大している。

（2）ベッドタウンからの脱却に向かって

1）ベッドタウンからの脱却の理念を持つ

　ベッドタウンから脱却することを後押しする時代状況を追い風にして現実に生き残っていくためには、住民がどのようなまちづくりを進めて行くのかと言う理念を共有することが求められる。

　①生活財として地域空間を共有（シェア）する

　郊外住宅地の形成と持続を支えてきた一戸建て住宅の取得が人生のライフステージにおける上がりであると言う物語と、土地の価格は下がることはなく万一の時の資産として信頼できるという土地神話が急速に変化してきたのに伴って、所有することだけに価値があるのではなく利用価値に意味があるのではないかと言う価値観の転換が出てきた。住み続ける地域空間は、経済的な財としての価値だけではなく、「生活する場（生活財）」としての価値で評価されるべきではないかという認識が生まれてきた。生活財としての地域空間と言う価値観を住民が共有することによって、行政など関係者も含めた知恵と戦略的な活動でベッドタウンから脱却することを目指す。

　②様々な動機や属性・ライフスタイルの人達が、単線的なライフステージだけではない固有の物語を持って共生する

　人生の上がりとして一戸建て住宅を取得するという生活プランは、現在の高齢化した住民に続く世代にとっては、ライフステージにおける最上の物語ではなくなった。又、時代潮流として、所有することに対する執着が薄れてきた。住宅や車など日常生活を支える生活財を、所有するのではなく賃借する、自分単独ではなく他人と共有（シェア）することに抵抗感が無くなり、シェアハウスやシェアオフィス等も出現してきた。多様な人々が自分たちの生活の場として意味付け、共生する居住環境を創造する。

　③出来上がったまちにではなく自分達で新しいまちづくりを進める

　殆どの郊外住宅地は、土地区画整理事業や大規模開発として厳しい開発基準をクリアーして建設され、住民の入居時に居住環境を維持管理するためのルー

ルがあり、自治会等の住民組織も用意されていた。

ア、開発時に整備した緑などの保全や、宅地規模の維持（敷地分割の禁止など）等、住環境の品質管理に関わるルールを定め、入居者は、これらの協定などの一員となることが義務付けられていた。更に、入居者が住み始めるのに合わせて、行政や開発事業者の指導で自治会の結成も進められた。

イ、自治会については、現在、住民の加入率が殆ど100％の団地から過半数を大きく割り込んでいる団地まで、活動の熟度は大きく異なっているが、自治会活動を越えた活動のために、NPOを立ち上げ、自治会と連携して住環境のマネジメントに踏み出した例も見られる。ルールや住民組織は自分たちの問題として検討すべきだと言う意識が芽生えてきた。

ウ、まちを持続させていくためには、臨機応変に活動しながら、中・長期的なビジョンを構築していくことができる地域空間マネジメント主体が不可欠である。困りごとへの対応など対症療法的な活動から進化して、行政や大学・まちづくり団体等関係者、民間事業者との連携も含めた地域経営共同体を構築する。そして、そのような地域経営活動を通して、開発当初にセットされていた、いわば与えられたルールを、住民の合意と実践を基盤として、進化し続けるまちの品質を維持し、磨いていく内容に、継続して変更いく。

④ベッドタウンに代わる新たな「ビジョン」を持ってマネジメントする

地域空間マネジメントが、関係者の参加を促し、活動の求心力を持つためには、その場所をどのような「姿（地域空間）」にしていくのかと言う「ビジョン」が不可欠である。現在の郊外住宅地は、結果的に「ベッドタウン」と言う理念を重層的に定着させて地域空間を形成してきたが、これからは現在進行中の人口縮小社会で、充実した豊かな生活を展開できる新しいビジョンを持った地域空間を目指さなくてはならない。

2）ベッドタウンからの脱却の目指す方向を考える

生活財としての地域空間と言う理念を共有して、住民が自分たちのまちとして時間を掛けてまちを変容させていくことが「ベッドタウン」からの脱却の必須条件である。目指す目標像は、個々の郊外住宅地が立地している地域や住民

の構成、行政との関係などによって、多様であることが予想されるが、次のような方向は共通すると考える。

①時代潮流に応じた生活サービス機能を持ったまち

　住民が高齢化し、買い物や医療・福祉施設への移動が困難になる（買い物・医療難民）と言う状況は、住宅地の中に、移動や商業システムの創設、医療・介護に関わる施設を導入するというような経済行為を産み出してきた。

　ア、医療・福祉については2025年を目途とする国の「可能な限り住み慣れた地域で、自分らしい暮らしを人生の最後まで続けることができるよう、地域の包括的な支援・サービス提供体制（地域包括ケアシステム）の構築を推進」と言う施策の進行と合わせて、住宅地内での整備が進んで行くことが期待される。

　イ、若い人達の入居が進んでいる住宅地もあり、保育園など、子育て支援施設の立地も見られ、更には、文化・スポーツ・レクレーション関連施設を運営する民間事業者の参入も期待できる。

　ウ、中心地区や空き家・空き地の利活用によって、必要な生活サービス施設を適切に導入していくことは共通した目標像となる。

②多様な年齢・社会的属性・ライフスタイルなどを持った人達を導入し、新陳代謝を促し持続するまち

　周辺の「なりわい空間」の変化により1時間以上もかけて職場に通う必要が無い、自宅や近所のシェアオフィスで働く、豊かな自然環境を求めたアーティストや自営業、農業に従事するなど、年齢・属性・ライフスタイル等多様な住民が少しづつ増加してきた。市場での取引を通じて、様々な動機と、地域への愛着の温度差を持った多様な属性を持った人々が入居してくることを受け入れられる地域空間を創造していくことが求められる。

　ア、多様な人々が住むために必要な住宅として、質が高い一戸建て住宅が集合して形成されていた環境や景観と異なる、開放的な公共的空間（コモン）を適切に取り入れた小規模住居の集合した空き地のリノベーション等、これからのライフスタイルやワークスタイルに対応した新しい質の高い居住空間を、住民の知恵とマネジメントによって創出していく

イ、「あこがれの生活の場」として計画設計された質・量ともに水準の高い公
　共空間や緑に代表される自然環境との共存、歩行者専用道路など人にやさ
　しい道路ネットワーク等の利活用によって、文化・スポーツ・健康・レクレー
　ション等の新しい付加価値を創造して、様々な志向性と住宅地内で過ごす
　時間が多くなった住民のニーズにこたえられる生活環境に変容させていく。
ウ、これまで、ルールを守り優れた品質を維持してきた環境を継承しながらも、
　新しい時代に求められる質の高い固有の魅力を持った居住環境に相応しい
　ルール作りを住民自らが進めることにより「住み続けたい」まちを持続さ
　せていくような地域経営を実践する
③周辺地域の活性化と相乗して活性化する居住環境への変容
　田園地帯に短期間に整備されて出現した都市的環境は、今も周辺との非連続
性が殆どそのままであるが、このような田園地帯の真ん中にあることは、現在、
にわかに高まってきた「田園回帰」を受け入れるポテンシャルを高めていくと
期待される。時代潮流を受け止めて、次のような目標像を中・長期的に持つこ
とが可能になる居住環境に変容することが期待される。
ア、隣接地域だけではなく、郊外住宅地が立地する地域を広く捉えて、その
　地域が持っている緑や水、景観など自然資源や、文化・レクレーションな
　どの人工資源、農業、芸術や工芸等に携わる人的資源、地域の固有性を取
　り込んだコミュニティ活動や文化活動など社会関係資源を、地域と連携し
　て磨き上げて行く。
イ、現在、多くの団地では、遊休化した中心施設や集会所、空き地等で周辺
　の農産物などを展示・販売する「マルシェ」が定期的、乃至イベントとし
　て開催されており、周辺の農家の活性化と、住宅地の知名度を相乗的に向
　上させている。このような試みを、更に地域と密接に連携して積み重ねて
　いくことにより、地域の魅力を戦略的に発信し、地域外の人々との交流や
　連携を進めて郊外住宅地を時代潮流が求める居住環境に変容させていく。
ウ、首都圏50ｋｍ圏近傍にある郊外住宅地は、至近距離の「なりわい空間」
　への通勤や、職住近接で、これまで得られなかった長い時間を、周辺の田
　園環境と合わせて過ごす生活環境になる一方で、今まで通勤先だった都心

は、文化活動やレクレーション等の目的地となる。そのような双方のメリットを享受するための50kmはそれほど遠いとは感じなくなるかもしれない。「田園回帰」の受け皿として、田園と都市との2地域を生活環境として持つことができる可能性を持った居住環境としての目標像も期待される。

④時代潮流にこたえる「社会的空間」「なりわい空間」「物理的空間」を備えた「生活の場（生活財）」としての居住環境への進化

　住民の生活環境に相応しい教育・福祉や文化活動を支える「社会的空間」や、質の高いインフラや生活関連サービス施設などで構成される快適な住環境としての「物理的空間」は、ベッドタウンからの脱却を推進するための基本的な条件になる。その上で、各郊外住宅地の固有性に応じて「なりわい空間」を創出することが、郊外住宅地の持続性をより強化すると考える。

ア、「社会的空間」を維持管理することは雇用を産み、それを「なりわい空間」ともする。又、これまで触れてきたように、近い将来、住宅が働く場となる在宅勤務や「シェアオフィス」や「サテライトオフィス」のような「なりわい空間」を、空き家・空き地所有者と地域経営共同体が協議・連携して創出していくこと可能性も高くなると考える。

イ、住宅地内に「多くの人が集まって仕事をする職場（オフィスや工場などの事業所としてのなりわい空間）」が無いという根本的な開発当初の整備理念とは異なり、これからは、一定時間・一定の場所で働くのではない「なりわい空間」も創出される。更にそのような「なりわい空間」は居住環境にも調和するような小規模で、点在することが予想される。これまで考えられなかった「なりわい空間」が住環境の中に点在したり、ネットワーク化して集約されて、居住環境と混合した新しい形態で生れる可能性がある。

ウ、まだ、将来の道筋が明確には見えてこないが、住民は勿論、行政や民間事業者、大学・まちづくり関連団体等が個別に展開する活動と連携した、日常生活を支える「なりわい空間（コミュニティビジネスなど）」が生み出されることが期待される。住民も担い手になれるようなこのような「なりわい空間」を創出していくことがベッドタウンからの脱却の確実性を更に高めると考える。

　　　　　　　　　　　　　　　　　　　　　　　　　　（井上正良）

第5章　使う人が創る「まち」シェアタウン

1　「まちの価値」を高めるシェアタウン

（1）新しいビジョン「シェアタウン」

　前章で、ベットタウンからの脱却をはかるためには、「住み続ける地域空間は、経済的な財としての価値だけではなく、そこで展開される『生活財』としての価値で評価されるべきではないかと、認識が醸成されてきた」ことを指摘した。

　このような観点にたてば、ベッドタウンからの脱却は、これまで保全・形成してきた、自然環境や良好な街並み景観や住環境、維持・管理されてきた社会インフラなどの地域資源。社会的寿命により利用価値が低下した公共施設や需要減少に伴い撤退した民間サービス施設跡地。地域に点在する空き家・空き地の地域資源の存在。住民の自発的な社会活動が社会関係資本の蓄積を生み出してきた「地域力」など、様々な「地域資源」が存在する。生活財として地域空間を共有し、地域資源を活用してまちの再生に活かしていくことが、ベッドタウンから脱却し、「まちの価値」を高めることにつながる。

　「地域資源」は、人々の生活や暮らしを本質的に豊かにする「モノ」や「コト」を動かす「地域力」といえる。土地神話により支えられた「不動産価値」や「経済的な資産」でない、地域の人々が安心して幸せに暮らせる「場」。交流や活動を豊かにする「場」。様々な志向を持った人々がエンジョイする「場」など、まちとの関係性を持ち続ける活動を展開することで、まちの個性、独創性を高めることができる。

　このような生活や暮らしの場を創出するために、まち再生の活動を通じて価値

観を共有し、活動や交流を通じて人々がまち再生に共感を持ち、このまちで生活したい、暮らしたい、このまちで活動したいという思いが、人を招き入れ、人を呼び込み、住み続ける「まち」になる。

　郊外住宅地が位置する都市圏の産業・大学の集積、ワークスタイルの変化や働き方改革の進展により、東京中心部に通う人たちのベッドタウンとしての意義が薄れてきた。これからは、ワークスタイルや都市構造の変化により、「働くためのまち」「住むためのまち」という区別がなくなっていくだろう。

　価値観の多様化は、ベッドタウンの多くが山林や里山に囲まれた自然環境や街並み景観に優れた、都会に近接する里山の原風景を有し、若い世代には魅力のある「場」に映るかもしれない。

　ライフスタイルや価値観の変化は、生活の様々な場面で「シェアエコノミー」が浸透してきた。特に若い世代には、モノや空間を「シェア」することに対して抵抗が少ない傾向が現れている。

　現状の郊外住宅地は、人口減少、高齢化が急速に進み、空き家・空き地が増加し、住民は従来の都市機能や社会システムだけでは、安心して幸せに暮すことができないことに気づきはじめている。

　重要なことは、住宅地の再生を目指すことであり、まず住民自身が主体となって住宅地を維持・管理・再生することを日常化していかなければならない。

　これからは、「使う人」が「地域空間」を共有（シェア）し、「地域資源」を活用して、様々な世代、多様な価値観を持った人々との共生をめざし、生活・交流・活動・支え合う・エンジョイする地域空間に再生していく「ビジョン」が求められている。

　めざす「ビジョン」は、使う人が、多様な主体と協働して「まち」を再生し、創り上げる「シェタウン」である。筆者らは「シェアタウン」に再生するための理念を次のように提案する。

　①まちの地域資源を共有

　人々の暮らしを本質的に豊かにする、生活財としての地域空間を共有し、「地域資源」に磨きをかけるまち。

　②住民自らが当事者になるまち

　住民は「使う人」「計画する人」「造る人」「維持・管理する人」という当事者となるまち。

　③人を招き入れ・呼び込むまち

　多様な世代、様々な価値観やライフスタイを持った人々を招き入れ、まちに新陳代謝を誘発させ、持続性が発揮されるまち。

　④多様な主体と連携するまち

　まちに新陳代謝を起こすために、住民と多様な主体とが連携・協働が実現するまち。

　⑤多様な再生手法を組み合わせた「まち再生」

　まち再生には、地域資源を使いまわす、建物を使い続ける、建物をコンバージョン、建物に手を入れるなどの修繕・修復・再生の手法を使いこなすまち。

　⑥地域空間マネジメント

　めざすシェアタウンは、時代の変化に耐えうる地域空間のゆとりと豊かさ、多様な世代が住める居住の場。まちに必要な、働く・学ぶ・憩う・交わる・支える・消費の場が生まれ、若い世帯が、入れ替わり、立ち代わり地域に住む、進化を続けるまちである。

（2）「シェアタウン」をめざしたまち再生のプロセス

　先に、述べたようにまち全体を、地域の社会経済活動の主要部分を担う生活財として持続していくためには、住環境を管理するためのルールだけではなく、地域の困りごとや住み続けるまちに改善していくマネジメントが求められている。

時代潮流の変化や地域空間の変容を評価して適切に対応し、必要な地域空間のイノベーションを推進して行く、地域経営の実践が不可欠である。

　従来の郊外住宅地の「まち」をつくるプロセスは、「計画する人」→「造る人」→「使う人」→「維持・管理する人」という順番で物事が動いていた。

　シェアタウンを創りあげていくには、地域資源を評価したうえで、その資源をマネジメント活動の中で磨きあげることを通じて、マネジメント組織のコー

ディネーターとしての資質を高めることが可能となる。言い換えれば、「使う人」＝「住民」らが、地域の人材や専門家などの支援をうけ、まちの現状を考え、まちの使い方、まちでの過ごし方、生活の仕方、まちの維持管理のあり方、ご近所との付き合い方、共助による地域の支え合いなどを再評価し、まちの将来ビジョンを共有し、まち再生に取り組んでいく。

　まちをこれからも存続させ、このまちで暮らし続けて行くためには、現在の都市機能だけでは暮らしを支えきれない。増加する空き家・空き地、遊休施設を有効活用して、住民が求める新しい機能を充足し、自然環境と調和した「まちの価値」を高めていく必要がある。そのためには、マネジメント組織が主体となって、これからの暮らしに必要な場（都市機能等）や地域空間をイメージする。

　次に、地域空間や場をどのように使いこなしていけばよいか。改造・改善することが可能か、つくるためには何が必要か、そのためのアイディアや知恵、人々の協力、活動資金、制度・仕組みの構築。行政や事業者との連携の在り方などを、マネジメント組織を中心に、使う人たちが話し合い、検討していく。

　まちを自らが維持管理するために、地域空間マネジメントの仕組みをつくり、住民と活動団体、NPO、事業者などの様々な主体の力を結集してまち再生に取り組んでいく。このような、マネジメントのプロセスを通じて社会活動の発展を促し、社会関係資本との間に正のスパイラルを回し続けることが、まち再生の原動力となる。

図表 5-1　従来の郊外住宅地をつくるプロセス

住宅地開発のプロセス	主体者
①計画する人	都市計画家、行政プランナー、コンサルタント、建築家等が計画・設計を行う
②造る人	ゼネコン、デベロッパー、公社・公団・行政が計画等に基づき社会インフラ、建築物を造る
③使う人	事業者が住民、商店主、建物所有者等に建築物を引き渡す
④維持・管理する人	社会インフラ、公共施設は行政、住宅・商店等は住民、サービス施設は民間企業等が維持管理を行う

（長瀬光市）

2 「まち再生」の短期と中長期の考え方と取組み

（1）短期的視点と「シェアタウン」としての中長期的視点の必要性

　今、郊外住宅地では、人口の減少や高齢化、高齢世帯化、単身高齢世帯化、空き家・空き地化が進み、整備された既存インフラの未利用、未活用、さらに開発、整備時期に応じて劣化が進んでいる。そのため、郊外住宅地が持つ諸問題への対応を「まち」再生の視点からしっかり見極めつつ短期、そして中長期的視点という「時間軸」を持って検討・整理しなければならない。

　即ち、生活し続ける場として、個別・具体的に取り組まざるを得ない問題・課題への「短期的」対応、加えて、先に述べた共有、共生、そして協働の価値観を持った「シェアタウン」としての「中長期的」視点での取り組みが必要になる。それは、これまでの郊外住宅地づくりとは異なる空間形態や維持・管理・運営システムを作り変え、創り出すという取り組みでもある。

　また、こうした取り組みは、生活者としての住民のみならず、市町村、あるいは開発関連事業者を巻き込みながら、新しい「まち」の再生展望としての「シェアタウン」形成への協働の取り組みとして、短期的視点から中長期的な視点へというステップを経て継続的に行われる必要がある。

（2）短・中長期のそれぞれの考え方と取り組みについて

1）短期的な視点での取り組み～今ある問題への対応（シェアタウンへの第一歩）

　郊外住宅地は、既に、空き家、空き地問題や人口減少、高齢化などにより地域コミュニティ力の低下、さらに各種生活支援サービス（医療・福祉・買物・交通・行政サービス）の低下に見舞われている。こうした諸問題に対して、第4章で示したように、各住宅地ではさまざまな取り組みがなされている。まさに、「住み続ける」ための対応策として、目の前の現にある諸問題の解決に向けて、個別、

具体的に取り組まれている。

　しかし一方で、地域の様々な問題に「誰が」第一義的に取り組み、どう対応するのかという問題が発生する。加えて、短期的な問題の解決、現状改善の先が見えない、自らの住宅地が今後どうなるのかという不安を持ったまま取り組まざるを得ないというのも現実である。

　そのために、今ある諸問題にそれぞれが粘り強く対応することを踏まえ、自ら、そして地域として継続的な新しい「まち」再生に繋がる中長期的な取り組みや仕組みづくりについて実践的に学習、体得していくことが大切である。まさにシェアタウンへの第一歩である。

　また、行政においては地域課題の把握と総合的な対応策の検討、そして住民、地域との協働の取り組み、さらに民間をはじめとした事業者を巻き込んだ対応策の研究など、一連の動きを実施、支援することが特に重要である。

　2）中期的な視点での対応〜時間軸を持った横断的取り組み（シェアタウン
　　形成に繋げる取り組み）

　まちづくりに向けた単体の事業や施策は、3〜5年の時間、継続性が求められるものが多い。そこで、さまざま提起される地域の問題を「誰が」、「いつまで」、「どうすべきか」の視点から具体的に整理する必要が出てくる。即ち、中期的な時間軸での対応策を総合的に検討、整理することが求められる。

　各主体（個人・地域・行政・民間他）がそれぞれに、あるいは連携して地域問題を解決し、状況をより良くしていく。そして、ひと、もの、かね、組織、仕組みが継続的に動きうる可能性を見出す地域の改善・整備プランを総合的で時間軸を有したものとして策定すること。さらにその実施と評価・見直しを各主体を横に繋ぎながら進めることが求められる。まさに、時間軸を持った問題解決への横断的取り組みである。

　加えて、地域の主体的なマネジメント組織の芽を育てる、あるいは個別にある自主的活動を繋ぐなどの取り組みが、短期的な取り組みを継続、発展させる意味からも、そして、長期ビジョンとしてのシェアタウンに繋げる上からも重要であることは言うまでもない。

3）長期ビジョンとしてのシェアタウンへのアプローチ
〜新しい地域と暮らしの創造

　中期の時間軸を持った計画は、長期のビジョンと連動することが求められる。まさに、現状改善の先に、住み続けるまちの姿をどう描くのかである。

　実際、このまま何もしなければ持続不可能となる、あるいはその危険性が高い地域が出てくるはずである。そうした地域も含めて、人々が、それぞれの地域で生き方、暮らし方をどう見つけ出すか。それは、ベッドタウンからの脱却、進化であり、即ち、地域で、健康に住む、働く、憩う、遊ぶ、学ぶなどを、それぞれの地域なりに確保するために、どう「地域空間」を共有（シェア）し、「地域資源」を活用するシェアタウンとしていくかを整理、確認するかである。そして、それを支える地域での仕組み、体制を実践的に検討、確立することである。またそれは、自ら、そして皆で創り出すシェアタウンへと地域が変化、発展する道のりを共有するものである。

　短期・中期的な視点での取り組みを踏まえて、先ずは「こんな地域でありたい」という「姿」を検討すること、さらにそのためのシナリオづくりを進めることからはじめる。結果、地域の構造やあり方を大きく変える議論になるかもしれないし、さまざまな団体や民間事業者、行政を巻き込む必要性が出てこよう。その結果は、人口減少社会、高齢社会の生き方、暮らし方、あるいは働き方に繋がる大きな課題に応えるという取り組みになろう。

　こうした一連のプロセスを経て、郊外住宅地の新しい姿、暮らし方としての「シェアタウン」の創造に繋がるのである。

（3）誰がどう進めるのか

　こうした流れを、誰がどう進めるのか。

　住民が個人として地域との関わりを持つことから、地域と行政による問題改善活動へ、そして中期的な時間軸で段階的に取り組むこと。その時、地域全体をどう構想するのかなどの長期的な視点での議論が必然的に求められる。こうした議論と対

応は、地域に関わるさまざまな主体（住民、地域、民間、事業者、行政）が、相互に関係性を持ちながら、それぞれに時間軸を持って検討、実施されなければならない。

しかし、その基本となる視点と主体は、

・視点：「郊外住宅地の変化への対応」に留まらず「郊外住宅地の新しい暮らし方を探り、創造する」＝「シェアタウン」の創造をめざすこと。

・誰が：先ずは住民・地域から、そして行政、民間・開発事業者を巻き込みつつ活動の輪を広げる。そのマネジメントは、住み、使う人たちが自らはじめる事が基本となる。そしてその動きは、趣味や関心ごと、あるいは個人的、そして地域の悩みや問題などを語り合うことなど、多様で緩やかな繋がりをきっかけとしたことから始められる。

図表5-2　具体的な取り組みの方向

	短期課題への対応	中期課題への対応	長期課題への対応 （ビジョン：シェアタウン創造）	備考 （計画化へ流れ）
	郊外住宅地－ライフスタイルの変化への対応、シェアタウンの創造へ			
住民	・個別問題課題の確認 （備考：「現状把握」参照） ・そのオープン化と共有化を図る	・時間軸で問題解決策を整理 ・課題解決の延長に何があるかを考える ・住民としての問題提起と計画づくりへの参加	・地域が様変わりする中で地域で生き暮らし続ける動機を探る（自らの生活ビジョン・スタイルを考える）	【現状把握】 ・地域を学び、知ることを通して地域問題の確認からはじめる
地域	・地域としての当面の課題整理と対応、役割分担（行政等との分担も含めて） ・各取り組みでの人づくりプロセスを意識する	・短期・中期課題の見極めと地域ぐるみの計画づくり、そして実践 ・それらを支える組織づくり	・延長（短・中期計画と取り組み）として地域の長期ビジョンを考える	・住民意識を探る ・地域の繋がりを探る ・各プロセスに人育て・人発見プログラムを内包させる
		地域の自主的・自治的組織による取り組みと計画化		
行政	・地域課題を拾い上げる体制づくり（地域担当制他） ・郊外の実態を総合的に把握する ・対応庁内調整と予算化・事業化 ・特に、福祉、生活支援等の取り組みは横断的な仕組みが必要	・郊外住宅地等中期整備計画（政策）の検討 ・中期整備計画に基づく地域づくり政策体系の確立（総合計画・MP・立適、地域福祉計画等への位置づけ） ・条例化、協定、地区計画、協定、地域への権限移譲 ・担当部局設置	・新しい郊外ビジョンのまとめ～職・住・遊・学の新しい環境づくり（シェアタウンづくり⇒明確な長期ビジョンを描けないところもある ・広域的な視点の必要性	【シナリオづくり】 ・「シェアタウン」としての中長期ビジョンとそのためのシナリオを皆で考える ・自分達で何ができるかを考える
		行政の役割大事（地域担当部局、支援政策・全体計画等への位置づけ）		
民間事業者	・事業者として参加（個別具体的事業ごとに）～関わりづくり	・計画づくりへの参加と事業参加可能性の検討（民間事業者としてビジネス創出）	・新しいライフ・住宅地スタイルの提案と構想・事業化へ（昭和型NTでないものへ）	⇕ 地域の主体的なマネジメント組織づくりへ
		地域への継続的な関りと事業創造へ		
備考		地域の主体的なマネジメント組織の設立		
	・小さな活動、事業からのスタート	・ケースバイケースで協働のスタイルを考える	・事業主体となり得る公共・民間の取込みの可能性	・個別具体的な取り組みから地域の社会関係資本育成へ **・シェアタウンへ**
	専門家・第三者機関の適宜活用			

（増田　勝）

3　シェアタウンへの変容を促す

　第4章4ベッドタウンの脱却で提示したように、郊外住宅地が持続するために不可欠な「ベッドタウンからの脱却」の方向性は見えてきたが、それを実現するための動きはまだ始まったばかりである。動き出した活動が地域空間マネジメントの視点と中・長期的な戦略を持って進化していかないと、第2章4環境変化を放置した場合の地域空間の姿で提示したような状況を向えることもそれほど遠くないと考える。そのような事態を避けるためには、住民を中心とした多様な活動を戦略的にパワーアップして地域空間マネジメント主体に進化させ、高度化していくことが急務である。そして、そのような主体が、ベッドタウンを、開発ポテンシャルの高い「物理的空間」を有効に利活用してシェアタウンに変容させていかなくてはならない。

（1）郊外住宅地で蓄積されてきた住民活動のポテンシャルを検証して、地域空間マネジメントができる組織に変容させていく

　大部分の郊外住宅地では、まだ、地域空間マネジメントを機動的に実践する地域経営共同体が構築されるに至ってないが、中には、自治会を中心とした活動や、住民有志によるNPOなどの設立などの活動等が進んでいる住宅地がある。このような活動を戦略的に進化させて、各住宅地で異なる固有性によって様々なプロセスが予想されるが、次のように地域空間メネジメントを遂行できる合理的な組織に変容させていくことが必要である。

　1）困り事への対処から始まった活動の中から経済的持続可能性を持った活動を育てて行く
　既に、先進的な郊外住宅地では、安全・安心の生活を維持するために、見守り活動や空き家・空き地の現状確認などの活動が始まっている。これらの活動を、空き家・空き地の調査からリノベーション・入居者の導入まで、経済的にも持

続できる事業に育てるなどして、エリアマネジメントを実践できる合理的な組
織を構築していくことが考えられる。

　2）各種の交流やイベントなどを積み重ねて持続するための課題などを確認
してエリアマネジメントに取り組む組織作りを進める

　郊外住宅地では、開発当初より自治会等がセットされてきたが、時間の経過
と住民の高齢化により、殆どの住宅地で停滞している。しかしながら、中には、
活動のコアメンバーが存在し、子育て世代等の入居などと合わせて、住民同士
の交流やイベント、趣味の会や活動等が存続し、活発になってきた住宅地もある。
このような活動を蓄積していく中で、住民同士が、自分たちが生活する郊外住
宅地が持続するために必要な課題を確認・共有し、関係者の参加を得て協議を
進め、地域経営共同体を戦略的に構築する動きに変容させていくことが考えら
れる。

　3）住民の新しいニーズに答えて始まった個々の事業を統合して地域空間マ
ネジメント主体を構築する

　住環境の安全・安心や、高齢者のための福祉、若い世帯の子育て支援など、
多様なニーズが生じ、対応も個別には始まっている。佐倉市ユーカリが丘では、
開発事業者によって、住宅の住み替えによる空き家発生の抑制や、新たに入居
する子育て世代のニーズに応える施設の導入などされており、事業者が主導し
て住民組織の構築と活動も始まっている。同様に、空洞化した中心施設や空き
家を利活用したカフェや交流施設などが多くの住宅地で現れてきた。このよう
な、住宅地内の各種事業を統合して、地域経営を総合的に担えるマネジメント
主体の形成につながる活動にしていくことが期待される。

　4）住民を中心とし、外部の行政や民間事業者、大学など関係機関と連携して、
郊外住宅地の持続を支える地域経営共同体を構築する

　現在、住民活動の多くはボランティア活動やそれに近い事業である。しかし
ながら、高齢化した住民の互助はいつまで持続できるか難しい局面を迎え、今

までは互助に支えられていた困り事への対応も、経済的な基盤を持った持続可能な事業にして行く必要がある。同様に、行政もこれまで負担してきた生活関連サービスである公助の全てを持続していくことは困難になって、アウトソーシングが始まってきた。このような状況を背景として、伝統的な地縁ではなく、合理的に構築されて来た地域コミュニティを基盤として、外からの事業者や大学や起業者なども含めて、住宅地の持続のための事業の創出ができる地域経営共同体を構築していくことが急務である。

（2）郊外住宅地で産み出された物理的空間のポテンシャルを顕在化させ、戦略的に地域空間を変容させていく

郊外住宅地では、結果的に産み出された物理的空間のポテンシャルの高まりに注目したい。住民の高齢化と一世帯当たりの人数の減少、更には、空き家・空き地の増加による戸数の減少により、開発当初、高い水準で整備された公共的空間や施設、生活利便施設やその用地などが過剰になってきた。居住環境として過大な物理的空間は、周辺も含めた多様な都市機能にも対応できるポテンシャルを産み出し、空き家・空き地は、このような過大なインフラを低コストで享受して新しい生活環境を創出する可能性を高めている。

1）過大なインフラの存在が加速している
事例で取り上げた住宅地は、現在でも、市街地の基礎的な要件である 40 人 /ha を越えており、人口密度が最も低い鳩山ニュータウンでも 51.10 人 /ha（7154 人、140ha）である。しかしながら、郊外住宅地の中には、高齢化率が 50％を越え、空き家率が 1 割になって 40 人 /ha を割りそうな状況になっている例もある。多くの団地の開発時は、佐倉市ユーカリが丘の 74.26 人 /ha（18194 人、245ha）と同程度の 70 人 /ha 前後の人達が生活するために必要なインフラが整備されている。減少した住民と行政で維持管理していくこが難しくなることが予想されるインフラを有効に利活用して、戦略的に居住環境の変容を促す。

2）遊休資産を利活用して新しいまちを創造する

　住宅地の人口減少により過大となった公共的空間や、空き家・空き地等のポテンシャルを、住民自らの実践を起爆財として、行政や不動産・商業などの民間事業、ベンチャー企業や大学等のチャレンジ事業、生活関連サービス事業等を戦略的に導入・連携しながら顕在化することによって、まちが進化する可能性が高くなっていく。又、既に動き出しているが、水準の高いインフラを基盤として、住宅地の周辺も含めた地域の福祉や子育てなどの公共的な拠点を持つまちになって行く。

3）規模や形態が様々な住宅が共生して新陳代謝する居住環境を創造する

　空き家・空き地の所有者も含めた、夫々の空間を所有・管理する主体を巻き込んで、多様な住民のライフスタイルから生まれるニーズに機動的に対応して、比較的規模の大きい敷地の一戸建て住宅が並んでいるのとは異なる形態の住宅を創出する。郊外住宅地の新陳代謝は、全体の地価の低減と合わせて、敷地分割や集合住宅が可能な地区の特定なども含めて、居住環境の質の低下とトレードオフの関係になることが危惧されている。しかしながら、新陳代謝を住宅の所有者と市場だけに任せるのではなく、住民組織が行政の支援を受けて、これまで維持されてきた居住環境の質を基盤としながらも新しい魅力を付加しながら推進していくことは可能である。

4）周辺地域と連携して時代潮流にこたえられるまちとする

　郊外住宅地は、住民にとって独立した生活圏であり、周囲の環境に対する関心も殆どなかった。しかしながら、住民が高齢化して現役から退く頃から、住宅地内の環境に関心が生まれ、更には、農業など周辺の田園的な環境と親しむ人達が出てきた。又、時代潮流として若い人達も含めて「田舎暮らし」とか「田園回帰」と言われるような意識を持つ人々が表れてきた。「田園回帰」はまだイメージ先行で、動機も期待も様々であり、移転先も地方都市から大都市近郊都市、「なりわい空間」も農業から観光、各種サービスまで多種多様な事例がある。郊

外住宅地も、周辺の「田園地帯」の固有性を最大限に活かして、地域の関係者と連携しこのような時代潮流にこたえて、今までにない居住環境に変容していくポテンシャルが高まってきた。

（井上正良）

4　地域空間マネジメントの提案

（1）住民主体の「地域空間マネジメント」と自治体の役割

1）自治体が置かれている状況

　日本全体が高度経済成長からバブル期には、自治体経営は時代の流れに乗って、全国一律の政策を実行してさえいれば、地域の問題は解消し、自治体運営ができた時代であった。その後、失われた20年の中で、従来は効果・効率的だと考えられてきた自治体経営の方法では、全くうまくいかないことが明らかになった。その間に、地方分権一括法が1999年に成立し、機関委任事務が廃止され、中央政府と地方政府は対等・協力の関係となった。平成の大合併を経て、人口減少・低成長時代に入り、国策として「地方創生」が推進されている。

　生産年齢人口の減少や景気低迷による税収の減少、人口や社会構造の変化による社会保障費の増加、社会インフラ劣化への再投資の必要性などから財政は慢性的に逼迫する一方、多様化・複雑化す住民ニーズにも対応するという、矛盾する課題に挑戦することが自治体に求められている。

　すでに述べたように、東京圏の自治体でも、2020年以降、人口が減少し、高齢者が急増する問題に直面する。特に、団塊世代が多く居住するの郊外住宅地は、まち全体の新陳代謝機能が低下し、東京圏の随所にゴーストタウンが現れるだろう。

　20年先行して、人口減少、少子・高齢化に直面している地方の市町村では、住民と行政との協働による住み続ける地域をめざして、試行錯誤を繰り返し、地域運営組織を主体とした地域づくりを推進してきた。住民と行政との役割分

担、相互の補完性の原則に依拠した、自治基本条例、まちづくり条例、地域内分権条例、計画の分権化などによる地域固有の「ローカル・ルール」を構築してきた。

　郊外住宅地が抱える課題は、単に住環境の維持管理や土地利用，街並み景観の秩序化だけでなく、高齢化に伴う地域の困りごとの解決、住み続けるまちにするための「まち再生」の課題。人口減少に伴う自治会などの地縁組織の存続とコミュニティの崩壊の危険性を内包する課題が複雑に絡みあっている。

　地方の市町村は、地域の持続性と自立に積極的に取り組み、徐々にではあるが成果をあげている。東京圏の自治体は、地方の市町村の政策実験や住民協働の実態を把握し、住民が幸せになることが自治体経営の成功の証しであることを学ぶべきである。その上で、郊外住宅地の住民と多様な主体が協働する地域運営組織や地域空間マネジメントの仕組みを、地域のローカル・ルールとして構築することが求められている。

　行政組織とは、「人口が減少しても安心して幸せに暮らせる社会を築く」ことを実現する組織体であり、自治体に求められていることは、誰のための「自治体経営」かを真剣に考える必要がある。

2）「地域経営共同体」活動を支える分権型社会の実現

　分権型社会（地域のことはそこに住む住民が決められる社会）に向けて、地域において自己決定と自己責任の原則が実現されるという観点に立てば「住民と市町村が主役」でなければならない。

　住民が自らの地域づくりに主体的に参画し、活き活きとしたコミュニティを築くために、住民自治の確立を図る一方で、住民に最も身近な市町村は自治権の拡充に向けて事務権限、財源の移譲、国と地方の役割分担の明確化により、市町村が自らの意思で地域に必要な政策を速やかに実行できる仕組みづくりに向けた政策が求められている。

　先に述べたように、2000年の地方分権改革により、国と自治体は対等・平等の関係へと改めらられた。特に、国法に対しても、自治体に一定の解釈権が認められ、法令と競合する分野でも、条例を制定できる可能性が飛躍的に高まっ

た。地域固有の「ローカル・ルール」を「条例」という自治体の最高規範を用いて実現することが可能になった。

条例を活用し、地域経営共同体の仕組み、地域空間マネジメントも含めたまちづくりを推進していくことが、分権時代には求められている。

このようなことを踏まえ、地域経営共同体を支える分権型社会を実現する上での市町村の果たすべき役割を提起する。

①まち見る価値観の大転換

これまでのような全国一律の政策では「豊かで安心して、幸せに暮らすことができる地域」は実現できない。地域の実情に沿った独自の手法を駆使しなければ、成功はおぼつかない。なぜなら、個々の住民の豊かさや幸せを充足するために必要な条件は、地域によって異なるからである。

行政の政策・施策の質的転換を図るために、横並び意識を排除し「よそと同じのはまずい」「良いところを伸ばす」「自都市の誇りや愛着志向」など、行政の主要な行動規範を変革する。

②住民と行政との共通の「プラットフォーム」を構築する。

現行法制度の枠組みと自治体の条例制定権を活用して、創意工夫による住民と行政の共通のプラットフォームである「地域経営共同体」の仕組みを条例政策で制定する。

③地域空間マネジメントを支える分権型社会の実現

地域内分権（都市内分権）の視点に立ち、自治体の行政組織内部における分権と一定地域の住民に対する行政からの地域内分権を構築することで、住民自治を充実していく分権の推進である。

地域経営共同体による地域空間マネジメントを実現させるには、例えば、本庁一極中心主義を改め、出先機関などの責任者（所長・部長等）に予算策定権限と予算執行権限を付与し、地域づくりの司令塔の役割を担わせる。地域経営共同体と出先機関等が連携して地域づくりに関連する予算案を策定、市長に提出する。また、地域づくりに係る事務事業を出先機関の長に付与し、地域づくりに関することは地域で意思決定できる権限を本庁から移譲させる。

住民主体の地域づくり推進するためには、地域経営共同体での自己決定権を

保障するため、計画策定権限を付与し、自らの責任と役割により、住みつける
ための地域空間マネジメントを行政が後方支援する。

　大切なことは、地域と行政組織が創意工夫や試行錯誤を行い、住民とのパー
トナーシップにより、活動・実践を通じて障壁を取り除きながら、身の丈に合っ
た制度・仕組みを構築することである。

（2）住民と多様な主体による「地域空間マネジメント」の提案

1）地域空間マネジメントの必要性

　ベッドタウンから脱却するには、「使う人」が、与えられた地域空間での生活
から脱却し、地域の人々の暮らしを豊かにする「地域資源」を共有し、住民と
多様な主体との連携・協働による、地域空間マネジメントにより、持続可能な
生活・交流・活動の場が再生されたまちに進化させる。

　第3章で取り上げた、郊外住宅地の現状と試みなどから、同質性コミュニティ
を形成してきた自治会、活動団体などは、社会活動に係わる関心度や課題解決
に対する地域力に差があることを指摘した。このような状況を踏まえて筆者ら
が、地域空間マネジメントのめざす方向、あるべき姿について提案する。

　この提案をみなさんに読んでいただき、「私たちには、知恵やパワーがない」「と
てもこのような提案を実現するのは大変難しい」と、ため息をつくのではなく、
みなさんが出来ることから、多様な主体と連携・協働し、試行錯誤を凝らして
郊外住宅地存亡の危機を乗り越える、指南書として是非、本書を活用していた
だきたい。

　地域空間のマネジメントとは、「使う人」＝「住民」が主体となって、住み良
い地域空間をめざして地域資源を活用し、磨きをかけ、安心して幸せに住み続
ける地域空間に再生していくため、まちの管理・運営・再生事業をマネジメン
トすることである。

　マネジメント組織は、一団の住宅地として開発され、一定規模を有する区域（小
学校区など）において、コミュニティを形成している自治会などを包括した区
域を想定する。尚、地域の状況によって小学校区などの規模にこだわらず、住

民のみなさんの意見がまとまる範囲で、最適な地域空間マネジメント単位を検討していただきたい。

地域空間マネジメント活動を通じて、困りごとを解決していくソーシャルビジネス、地域施設のコンバージョン、リノベーション、公共施設の指定管理、地域ルールに基づく住民ニーズに相応しい土地利用誘導など、中長期にわたり地域のマネジメントを担っていく。

そのためには、将来を見据えたまち再生に向けて、地域空間の現状や地域課題、住民の意向を踏まえ、将来予測される最悪展望を描き、緊急を有する課題や予測される危険を防止する方策を明らかにする。将来ビジョンや地域空間の管理・運営・再生事業、地域経営の方向性を組織体として意思決定する。このような活動を包括して行うのが「地域空間マネジメント」組織である。

２）地域空間マネジメントを担う「地域経営共同体」の提案

地域空間マネジメントを担う、組織として「地域経営共同体」を提案する。地域経営共同体は、土地や建物の所有者である住民（＝使う人）が中心となり、自治会などの地縁組織と活動団体、NPO、事業者などで構成する。

地域経営共同体は個人の自立性を尊重し、共助の支え合いを基本に、多様な主体との連携・協働を前提とする。

国や自治体の助成金に頼るだけでなく、公共施設の指定管理の受託、コミュニティバスの運営、ソーシャルビジネスなどにより、運営基盤を強化し、地域経営共同体として自主財源の確保も必要となる。

このような取り組みが、人口減少、高齢化が先行している地方都市では、すでに試み

図表 5-3　地域経営共同体組織の概念図

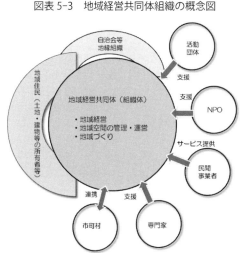

られている。山形県川西町では「まちづくり基本条例」「総合計画による全体計画と地域計画」、住民と行政との補完性の原則（組織体の決定や自治などをできるかぎり小さな単位でおこない、できないことのみをより大きな単位の行政などで補完していくという概念）に基づき、共通の「プラットフォーム」が構築されている。

　川西町では、7地区ごとに地域空間マネジメントを担う、地域経営母体として地域運営組織が設立され、地域交流センターを拠点にまちづくり活動を展開している。活動内容として西川町指定管理条例による地域交流センター指定管理の受託、子育て支援、高齢者支援、学童保育の運営、伝統芸能の担い手育成、マネジメントを担う人材の育成、デマンド交通の運営、農作物の6次産業事業など、住み続けるためのまちづくり活動が行われている。

3）地域経営共同体の活動

　地域経営共同体による地域空間マネジメントとは、多様な主体との役割分担や連携・協働により、地域空間を再生し、持続可能な地域社会を実現する仕組みである。このような観点に立てば、今起きている課題を抽出し、緊急に取り組む課題と地域資源を再評価し、中長期的にわたって取り組むべき課題を確認した上で、地域空間再生のめざす姿を明らかにする。筆者らは、ケーススタディから明らかになった特質すべき活動、全国の先進的事例を考察し、地域経営共同体活動のイメージを以下のように提案する。

　①土地利用の柔軟な運用と誘導

　多くの郊外住宅地が、第一種低層住宅専用地域や風致地区、地域ルールとして建築協定、地区計画、住民協定などが締結され、自然環境と調和

図表5-4　地域経営共同体活動の概要

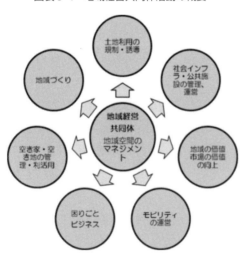

した良質な住環境を蓄積、形成してきた。このような環境を保全・形成してきた活動が結果として「まちの価値」を高めることにつながってきた。

地域ルールにより、専用住宅と二世帯住宅を中心とした住機能が優先され、住環境を脅かす用途は規制されてきた。時間が経過する中で、ライフスタイルの変化、多様化する住民ニーズに対し、従来のサービ機能では安心して暮らすことが出来なくなってきた。

まちの価値である豊かな自然環境と街並み景観を背景として、多様な世代が暮すまちにすることで、市場の価値を高め、まち全体の新陳代謝を高めていく必要も生じてきた。そのためには、土地地用の柔軟な運用と誘導が求められる。

既に郊外住宅地では地区計画、建築協定、住民協定の運用に当たり、地域に居住する専門家を委員とした「まちづくり運営委員会」「建築協定運営員会」などの組織を有し、50余年にわたり、まちづくりを誘導するノウハウを蓄積してきた。

提案として、地域経営共同体の内部に「ローカル・ルール運営協議会」を設置し、既存の用途地域制度や地区計画、建築協定などをベースに、「生活環境を改善する」「新陳代謝による持続性を高める」観点から、自然環境と街並みとの調和を前提に、住民ニーズに相応しい土地地用の柔軟な運用・誘導を図っていく。

行政は、ローカル・ルール運営協議会が住環境、街並み景観に相応しく、地域が必要とするサービス機能などの合意形成ができた事案について、建築基準法、地区計画条例などの「ただし書き規定」の柔軟な運用を行う。そのためには、審議会運営規定や役割を見直すことで、住民自治の観点からの柔軟な制度運用を行い、土地利用規制とニーズとのミスマッチを改善していく。

②社会インフラの利活用と地域施設の維持管理

計画当初の人口構成、年齢構成を基準に配置された社会インフラが、人口減少、密度低下により、住民ニーズとの間でミスマッチが生じている。

利用者が激減した、草ぼうぼうの児童公園、歩く人が減少した歩行者道や緑道などの社会インフラ。児童・生徒の減少により廃止された小中学校。人口減少により廃止、撤退した民間サービス施設などが存在している。

まちを持続可能にするには、ライフサイクルの変化に応じて、生活や暮らし

を維持する道路、緑道、公園や公民館、廃止された教育施設など、地域経営共
同体が事業委託や指定管理を受託して、使う人の視点からのマネジメントを行
うことが重要である。

　このような試みとして、町の人口の過半数を占める鳩山ニュータウンを抱え
る埼玉県鳩山町では、ニュータウンセンター地区の「西武リビング」撤退施設
を再活用して、地域コミュニティ再生拠点として「鳩山町コミュニティ・マルシェ
（まちおこしカフェ、移住交流センター、シェアオフィス、福祉プラザ、研修室
で構成）」を2017年7月に開設している。運営は指定管理制度により、設計事
務所RFAが指定管理者となって住民との新たな関係づくりをすすめている。

　鳩山町は、ニュータウン内にある旧松栄小学校跡地を活用して、ニュータウ
ンに不足している高齢者支援や介護サービス機能として「地域包括支援セン
ター」「デーサービスセンター」などの機能を誘導している。

③空き家・空き地の維持管理、利活用

　郊外住宅地の自治会などの役員とのヒアリングから、空き家・空き地が放置
されると、景観や不法投棄による衛生環境の悪化。管理がされず、人の目が行
き届いていない空き家は、不審者の侵入を容易にし、不審者のたまり場となる
おそれがある。空き家・空き地を適切に維持・管理しないまま長期間放置して
おくと、建物の老朽化を加速させ、地震、台風などによって倒壊する危険性が
高まるなど、様々な弊害を呼び起こし、空き家・空き地問題は深刻化している。

　このような、問題を解決するための試みとして、ランドバンクシステムなど
の仕組みが提案され、山形県鶴岡市「NPOつるおかランドバンク」などでは運
用がはじまっている。

　重要な視点は、生活実感による気づきをもとに簡便な方法で、空き家・空き
地問題に取り組む方法の視点である。このような試みとして横浜市栄区湘南桂
台自治会では、自治会加入率100％を維持するため、空き家・空き地の所有者
を準会員として年間2400円を徴取する代わり、空き家・空き地の管理や情報
提供を行っている。空き家所有者と自治会との利用承諾により、空き家を高齢
者の地域サロンに利活用している。

　鎌倉市のNPOタウンサポート鎌倉今泉台では、毎年度、空き家・空き地の実

態調査を実施し、所有者の把握を行っている。空き家・空き地の所有者とNPOとが利活用契約を結び、コミュニティ農園や花壇に利活用。空き家はコミュニティ・サロンに活用している。

　提案として地域経営共同体が、空き家・空き地の所有者の所在を把握し、信頼関係により地権者との契約を結び、維持管理業務を代行する。地権者から信託を受けて空き地を活用した菜園・花壇や空き家を活用して高齢者の交流サロン、学童保育機能などに利活用することが可能となる。

　行政は、地域経営共同体が管理・運営する空き家・空き地の地権者に対し、固定資産税の減免措置を行い、地域経営共同体との協働により、空き家・空き地問題を解決していく仕組みを制度化する。

④コミュニティバスの運営

　人口減少、高齢化が進展している東京圏の郊外住宅地において公共交通の空白地域が広がっている。買い物や通院などに必要な住民の移動手段をどのように確保するか。持続ある地域社会を維持するために避けてとうれない課題となっている。

　公共交通空白地域では、ＮＰＯ法人や社会福祉法人などにより、地域住民に対して運送サービスの提供が行われている。2006年に道路運送法が改正され、「公共交通空白地有償運送」制度がはじまり、活動団体やNPOが運営するバスを運営する団体が数多く存在している。

　地域では住民などが講習を受けて運転手になり、料金を徴収して顧客を運ぶコミュティバス、利用者の予約を受けて小型バスや乗り合い型のタクシーを運行するデマンド交通が広がっている。

　これからは、バス事業者や自治体に、バスの存続を要望するだけでなく、地域経営共同体が、自治体の公共交通支援制度を活用して、地域内移動や地域と中心市街地を結ぶ公共交通システムを経営することも重要となる。

　このような試みとして、富山県氷見市では、コミュニティバス支援制度を活用して地域運営組織が中心となり、コミュニティバスを運営している。八代地区では、毎年9月には年会費を徴収し、利用者は年会費を払えば毎日、どこからでも乗車できる仕組みになっている。運転手は単なる運転業務だけでなく、

高齢者の見守りや安否確認を兼ねることで地域社会に溶け込んでいる。

目的がなくとも高齢者が定期的に乗車し、バスの中で茶飲みしながら談話が出来るサロンバスと化し、車内が高齢者同士の交流・情報の場になり「私たちのバス」として親しまれている。

⑤ソーシャルビジネスによる「困りごと」を解決

郊外住宅地は高齢者世帯の増加により、買い物、庭の手入れ、食事の支度、家の掃除や洗濯、ゴミだし、病院への付き添いなど、住民個人に係わる家庭内での困りごとが顕在化している。このような「困りごと」を解決する方法として地域経営共同体が有償によるソーシャルビジネスとして仕組みを構築する。

信頼と絆によるサービスを提供することにより、地域ぐるみ安心して住み続けるまちが実現される。ソーシャルビジネスの提供主体として、元気な高齢者、主婦や若者などの就労の場にもつながる。

このような試みとして、横浜市栄区の湘南桂台自治会では、地域の困りごとを地域で解決して住み続ける地域にするために、2008 年に「非営利の有償で生活支援を行う団体」として「グループ桂台」を創設した。運営は会費制で、「サービス提供を受ける利用会員」と「サービスを提供する会員」、資金面で協力する「賛助会員」で構成している。利用会員 118 人、協力会員 100 人で、活動状況は年間 3,500 時間におよび、なお利用希望者が増加している。活動内容は、「家の掃除」「調理による食事の提供」「高齢者の介助・付添い」「庭の手入れ」「育児支援」など、利用料金一時間当たり 800 〜 1,000 円でサービスを提供している。グループ桂台の利用会員は、2008 年度の調査によると、湘南桂台自治会の利用者が 27 名（協力会員 44 名）、近隣地区 40 名（協力会員 8 名）、その他地区利用者 17 名（協力会員 6 名）である。

まさに、地域に誇りを持ち、使命感を持った、人のつながりと絆によるソーシャルビジネスの仕組みといえる。

⑥地域価値を高めて人を呼び込む

「まちの価値」と「市場の価値」の相乗効果を高め、人を招き入れる、人を呼び込むことに挑戦し、まちの新陳代謝を高めていくことが、持続可能な地域社会の創出につながる。

　地域経営共同体のもとに、開発事業者、住宅産業、不動産業、運輸事業、大学などの参加を得て、自然環境と居住環境が調和し、都会にいても至近距離に素晴らしい自然環境や里山に包れた住宅地を、まちの再生により「地域価値」を高め、駅から遠い「負の遺産」の発想を転換していく必要がある。

　このような試みとして、兵庫県三木市は 1967 年に開発された「緑が丘ネオポリス」の人口減少、高齢化により地域の自立と持続性に危機意識を持った。このままの状態を放置すれば、更に人口減少、高齢化が進展し、空き家が増加してニュータウンはゴーストタウンになると考えた。このような危機を打開するために産官学による「郊外住宅団地ライフスタイル研究会」の設立を呼びかけ、2015 年 8 月、「郊外型戸建て住宅地団地再生」に向け取り組みを本格的に開始した。

　活動の第一ステップとして、高齢化する地域住民、新たに転入してくる住民が安心して快適に暮らせる多世代循環型コミュニティを形成するために、現状の課題を抽出し、問題解決に向けた改善策を講じるために 4 つの実証実験を試みた。

　4 つの実証実験では、団地再生に不可欠な「自動車によるコミュニティ内移動サービス」「クラウドソーシングと高齢者・障害者の就労環境整備」「健康増進を目的とした高齢者の重傷化予防」「サテライト拠点機能の整備と子育て、地域互助、移住・住み替え促進モデル」の検討を行った。

　実証実験を経て、第二ステップとして、郊外型住宅地団地の良好な社会インフラや住環境などの地域資源を生かしつつ、多世代が安心して快適な生活を持続できるまちに再生するビジネスモデルを構築し、地域の新陳代謝を促し、持続性のある団地の再生に向けた取り組みをはじめている。

　提案として郊外住宅地の再生を図るために「ニーズに対応したサービス機能の充実」「住み替えシステムの仕組みづくり」「モビリティによる移動システムの構築」など、ビジネスモデルを地域と多様なアクターとの連携により、具体化することで、まちに新陳代謝が起こり、持続可能な住宅地に生まれ変わる。

⑦「共・公・民」による新たな仕組みの構築

　拡大成長時代は、郊外住宅地を舞台に自治体は住民から税金を徴取し、その見返りに行政サービスを提供する。民間事業者は対価をもらいサービスの提供

を行う。住民は自治会などと活動団体、NPO などによる社会活動を通じて、安心して幸せに暮すことが出来る社会の実現をめざしてきた。地域では、公共サービスの提供主体である行政としての「公」、自治会などの地縁型コミュニティとしての「共」、民間サービスの提供主体たる「民」の三者が、役割を果たしてきた。

　人口減少・低経済成長時代に入り、自治体財政の悪化、地縁型コミュニティを支えてきた相互扶助力の低下、需要減少や採算悪化による民間サービスの撤退、公共サービスの縮小という形で、地域を支えてきた三者の力が相対的に低下し、様々な地域問題が発生している。

　従来からの施策や活動、事業の延長では、効果的な打開策を打ち出すことが困難な「3 すくみの状態」となっている。

　このような状況を打開していくために、「使う人」が「まちのマネジメント主体」となり、自分たちは「使う人」＝「計画する人」＝「造る人」＝「維持管理する人」という、当事者であるべきである。そのためには、公・共・民との連携・協働により、持続可能なまちにするためのビジネスモデルを構築する必要がある。

　このような試みとして、鎌倉市タウンサポート鎌倉今泉台では、行政や福祉法人と連携し、今泉台自治会区域を対象に地域包括ケアをベースにした検討がはじまっている。その内容は、多様な世代のニーズに対応した、異なる世代が共生する「物理的空間」に変えていく。その戦略として、住みなれた地域で子育てから高齢者の見守りや介護までを想定した社会システムとして「全世代型生活支援ネットワーク構想」の構築である。

（3）「地域経営共同体」の仕組みの提案

　経済成長を契機に都市社会の進展、消費型都市の出現や世帯構成の変化により、近隣関係や地域への依存関係が弱まり、各世帯の「自立化」により世帯の地域離れが進展してきた。行政は生活の個別化による生活諸条件の環境整備（社会的装置）に依拠した生活の社会化により、共助を前提とした地域の共同管理による問題解決力の低下を補う、様々なコミュニティの維持・形成のために、公助による政策・施策を展開してきた。

縮小社会の時代に入り、もはや経営資源である「ヒト・モノ・カネ」をコミュニティ維持に継続的に投下していくことが困難な状況となってきた。

地域空間マネジメントを実現するために、住民と行政との連携・協働を前提に、役割と責任分担、補完性の原則に基づく共通のプラットフォームの構築が必要となる。

1）条例政策による「ローカル・ルール」をつくる

地方自治体が、縮小社会において「地方政府に呼ぶにふさわしい存在にまで高めていくためには、何よりもまず、住民に最も身近で基礎的な自治体である市町村の自治権を拡充し、これを生活者の視点に立って地域の自立と持続性を高めていくことが求められる」。このような観点に立てば、法律と同等の効果を有する法規範として「条例」制定権を住民自治の深化にために有効に活用していく必要がある。

計画開発された郊外住宅地は、良好な居住環境の維持・形成を目的に、建築協定、地区計画、住民協定などの自主ルールなどが制定されている。多くの地域では「運営委員会」が設置され、事業者などの建築行為、開発行為にあたり、地域ルールに合致しているか、街並み形成に相応しい計画か否かを協議し、事業者との調整を通じて様々な調整実績やノウハウを蓄積してきた。

居住者の中には、建築やまちづくり・法律・企業会計などに詳しい専門家が居住し、運営委員会委員として調整役を担っている。

まさに住み手側に専門家が多く居住し、住民目線からの地域ルールの運営が行われている。

国においても、法令の改正により、住宅地の用途緩和やマネジメントの仕組みづくりが行われている。例えば、2018年、縮小社会における地域づくりの観点から、地域再生法を改正して「地域における良好な環境やまちの価値を維持・向上させるため、住民・事業主・地権者などによる主体的な取り組み」を可能とする、エリアマネジメントの仕組みの法改正がなされた。更に、地域再生法を改正し、高齢化が進む郊外住宅の空き家などを活用した、「職住近接」の環境づくりとして、シェアオフィスや商業施設を設けられるような規制緩和が行われ

ている。

　このような時代潮流の観点にたてば、自治体による地域のローカル・ルール条例の機運は高まっている。とりわけ、喫緊の課題である、計画開発された郊外住宅地の人口減少、高齢化の進展による住宅地存続の危機に対処する施策を講じていく必要がある。

　大切なことは「安心して幸せに暮せるや社会を築く」ために、住民自治の充実と地域の持続性を主眼とする、わかりやすい住民の目線に立った、地域空間マネジメント活動を担保する「ローカル・ルール」を整備し、行政経営と地域経営の相乗効果が発揮される自治体経営を実現することが求められている。

　　2）地域空間マネジメント条例の提案

　条例は「自治立法」といわれるように地域の「ローカル・ルール」である。住民に最も身近な市町村においては、条例は住民に身近な存在であるべきであり、住民らが地域空間マネジメント活動を展開していくために、わかりやすい条例づくりを進めていく必要がある。

　筆者らは、最高法規範にもとづく、まちづくりの理念、住民と行政との役割分担、行動原則など定めた、自治基本条例やまちづくり条例などに依拠した、地域経営を推進する「(仮)地域空間マネジメント条例骨子案」を次ぎのように提案する。

　　是非、この提案を契機に、全国の自治体で、住民と多様な主体の協働による地域空間マネジメント活動を育てていく、(仮)地域空間マネジメント条例の検討をはじめることを切に願うものである。

　　　　　　「(仮)地域空間マネジメント条例骨子(案)」

1　組織の目的

　　地域において、住民と多様な主体との連携・協働により、住み続ける地域をめざして地域空間の運営・管理・再生事業を担う、地域空間マネジメント組織の位置づけ、永続的なマネジメント活動、行政の支援方策などに係わる

規定を定める。

2　役割分担

　　補完性の原則に依拠して、住民らの地域空間マネジメント組織が担う。

　　役割と責任、行政による地域活動の支援と連携・協働のあり方など、住民
と行政との役割と責任に係わる規定を定める。

3　組織認定と活動区域

　　地域空間マネジメント組織の設立と組織の認定及びマネジメント組織の活
動対象区域に係わる規定を定める。

4　地域経営共同体（マネジメント組織）活動

　①組織目的と運営に関すること

　　地域空間の運営・管理、・再生事業、土地利用の誘導、空き家、空き地の活用、
ソーシャルビジネス、中長期の視点にたった、まちづくりのビジョン、資金
管理など、組織運営に係わる規定を定める。

　② 地域経営共同体の意思決定に関すること

　　地域経営共同体として意思決定に係わる規定を定める。

　③情報開示に関すること

　　地域経営共同体として構成会員などに対する情報公開に係わる規定を定め
る。

5　行政による地域経営共同体に対する支援活動

　①規制緩和に関すること

　　迅速な都市計画手続きや建築許可に係わる事項に係わる規定を定める。

　②指導・助言に関すること

　　行政の地域経営共同体組織への指導・助言に係わる規定を定める。

　③ 地域経営共同体の活動助成に関すること

　　地域経営共同体への活動助成に係わる規定を定める。

④空き家、空き地の維持管理に関すること

　地域経営共同体と空き家・空き地の所有者間における、維持管理契約など
に基づく、行政の固定資産税の減免・免除に係わる規定を定める。

6　その他

　必要な事項は追加することができる規定を定める。

（長瀬光市）

5　シェアタウンに相応しい地域空間の提案

(1)「新たなニーズ」　生活環境の変化に対応する新たな空間の提案

　建設から50年をへて、郊外住宅地には新たなニーズが生まれている。郊外
住宅地が住み続けられるまちになるために、この新たなニーズへの対応をきっ
かけに、住民が協力し英知を結集して、郊外住宅地のまちとしての欠点を是正し、
新しい魅力を付加することができるかが重要な鍵を握っている。

　1）新たなニーズにはどんなものがあるのか

　現在の郊外住宅地で起きているさまざまな変化をもとに、今後発生するであ
ろうニーズも含めて表にしてみたのが、図表5-5である。

　当面は、現在住んでいる高齢の人々のニーズが中心だが、郊外住宅地を、住
み続けられる場所に変えて行こう、と考えると、現在住んでいる人々のニーズ
に対応することだけでは不十分で、国全体で人口減少する中で新たに住んでみ
よう、という人々のニーズをも先取りして対応して行く必要がある。

図表 5-5　郊外住宅地に発生する新たなニーズ

対象		郊外住宅地に発生する新たなニーズ	
現在居住している人々	郊外住宅地での生活を楽しむ		集いの場がほしい、趣味のサークルがほしい、晴れの場（食事・買い物）がほしい、畑仕事・スポーツがしたい、お小遣いを稼ぎたい
	高齢化に伴う日常生活の困りごとを解決する		庭の手入れをしてほしい、高いところの電球交換をしてほしい、車の運転が難しくなっている。コミュニティバスが必要、買い物・掃除・料理が負担になってきた、不要になったものをリサイクルしたい
	住宅に関する困りごとを解決する		子供がいなくなり部屋をリフォームしたい、二世帯住宅にリフォームしたい、老朽化で修理が必要だ、隣の空き家を何とかしてほしい
	医療介護などの専門サービスを受ける		通院の足が必要、在宅医療を受けたい、健康教室をやってほしい
	その他		終活を始めたい、獣害対策が必要だ
将来居住する人々	住宅がほしい		職場の近くに住宅がほしい、手ごろな価格の住宅を購入したい、手ごろな価格の住宅を賃貸したい
	仕事がほしい		近くで職を得たい、近くにワークスペースがほしい、パートタイムで働きたい
	子育てを支援してほしい		託児所がほしい、育児の相談にのってほしい
	交流したい		ママ友の集いの場がほしい
	一人になりたい		息抜きの場がほしい、一人になれる場がほしい
	子供の教育の場がほしい		近くに学習塾がほしい

２）新たなニーズにどのように対応するのか

　これまでは、こうした新しいニーズに、民間企業や自治体等が対応してきた。しかし、これからの時代は、住民が自らやるしかなくなっていく。ただし、個人が個別に対応していたのでは限界がある。これを何とか、地域ぐるみの活動として成り立たせ、郊外住宅地を住み続けるまちに変えることにつなげられないだろうか。

　第一に、それらニーズに地域ぐるみで対応する具体的な方法を、提案する。

　ア．地域のニーズを集める

　　地域にはさまざまな新しいニーズがある。多くの人が感じているものもあれば、ある人たちだけが感じるようなものもある。それを、全員が理解できるような一覧表にする。これで、地域にどういう課題があるかということが全員に共有されるようになる。

　イ．ニーズを分析し分類する

　　ニーズの一覧表を、いろいろな視点・立場から話し合う。そのためには、できるだけ多くの人がかかわってこの作業をやることが望ましい。自分た

ちだけで対応できるものもあれば対応できないものもある。重要度、緊急度、取り組みの難易度などの視点から腑分けし、取り組みの優先順位をつける。

ウ．最適な方法を考える

それぞれについて、どうすればうまく行くか、方法を考える。全員で集まって、ニーズごとに担当者やグループに分け検討した案を発表すれば、地域で取り組むことが全員に共有され、よりよいアイディアが出ることもある。

エ．組織化し、できるものは事業化を図る

ニーズがある限り、継続的なサービスが必要である。個人の善意や無償の労働に頼っても継続は難しい。組織化し、できるものは何らかの形で事業化することが望ましい。やったことが何かの形で目に見えるようになれば、モチベーションが高まる。わずかでも、地域内にお金の循環をつくり出すことは大切で、地域の自立のきっかけになる場合もある。また、貢献をポイント化し、逆にサービスを受けるときに使用できるようなものもある（地域通貨）。

オ．最適のパートナーを選ぶ

自分たちだけでできないことは、外部の専門家や実際にそういうサービスを提供している企業をパートナーとして選ぶ。複数の候補を上げて、公正な手段で選ぶことが大切である。医療や介護や交通に関することであれば、自治体との協力が必要である。

カ．できることは自分たちでやる

一方、自分たちでできることはできるだけ自分たちでやることも大切である。地域外に流出させるお金はなるべく少なくし、地域内にお金をとどめることは重要である。

キ．身近にあるもので使えるものは使う

郊外住宅地内部にあるもので使えるものは、なるべく使うことが望ましい。空き家・空き地がその最たるものであるが、他にも、今は使われなくなった農業機械、オーディオ装置やパソコンなど、身の周りにはたくさんの使えるのに使われなくなっている有用なものがある。

ク．空き家・空き地を有効に利活用する

新たなニーズに対応するためにスペースを必要とする場合は、空き家や空き地を有効に活用することが望ましい。空き家・空き地は、郊外住宅地最大の資源である。取り壊して新しいものを建てるばかりが能ではない。利活用に当たっては、ニーズに対応するサービスとの相性や、個別の条件（場所、規模、間取り、賃貸などの条件、など）に加えて、所有者の思いや意向にも十分考慮したい。空き家・空き地の利活用は、単なるもののリサイクルではなく、一つ一つが郊外住宅地再生の成否を握る大切な機会であるから、慎重かつ賢明なマッチングが必要である。

ケ．身近にいる人の特技を生かす

郊外住宅地に住む人の中には、高学歴の人やかつて企業で専門的な仕事に従事していた人たちも多い。また、料理や裁縫が得意、絵がうまい、ホームページをつくれる、などの特技をもつ人もいる。それぞれの特技を登録してもらい、能力を発揮してもらうような仕組みをつくる。

コ．みんなで協力する

人が集まれば人の考えにケチをつけたり、人のやり方を批判する人が必ず出てくる。「ワン・チーム」の精神で、乗り切ろう。生き残りの道は厳しい。全員で協力しなければ突破できない。その意味で、なるべく多くの人に活躍の場をつくる必要がある。必ずしも平等である必要はない。それぞれの能力や特性や事情に応じて、その人なりの貢献の場があることが大切である。

サ．人を育てる

人材には限りがある。活動を通じて人を育てて行くという視点が重要である。そのためには、実地で経験を積み習熟して行くしかない。当初の多少の失敗には目をつぶる必要があるが、その場合でも、失敗をそのままにするのはよくない。その人の責任として追い込むのではなく、みんなで一緒に改善方法を考えるなど、問題を組織的に解決し、長い目で人を育てて行くことが重要である。

シ．外部に協力者をつくる

活動の継続性を高めるために、新しい仲間を増やして行くことは大切であ

る。そのためには、活動を外部に発信していくことが大切である。

ス．定期的にサービスを見直す

　必要のなくなったサービスは止め、新たなニーズが発生していないか、定
期的に見直して改善する仕組みをつくるといい。

セ．中長期的な視点を見失わない

　お金儲けが目的ではない。あくまで郊外住宅地を住み続けられるまちにす
るための活動である。地域が住みやすい場になって行っているか、活動が
参加する人たちの喜びとなっているか、そういう中長期的な視点を見失わ
ないようにしたい。

ソ．自然発生的な組織を時間をかけて拡げて行く

　こうした活動は、何らかの地域組織の存在を前提としている。すでにそう
いう組織や団体があるのなら、その活動の範囲や参加者を拡げて行くこと
が望ましい。お互いがお互いを知っている範囲の人たちが、相互の信頼関
係を元に進めるのが一番いい。時間をかけて信頼を育てることが大切であ
る。活動が深まれば、どうしてもプライベートな領域に足を踏み入れるこ
とになる。急激な成長や拡大より、身の丈に合った進め方が望ましい。

タ．新しいことに挑戦する

　これまでのやり方だけでは衰退するだけである。思い切って何か新しいこ
とに挑戦する必要がある。誰かの挑戦が、別の人の背中を押す。挑戦をみ
んなで後押しする雰囲気をつくろう。成功もあれば失敗もある。失敗を次

図表 5-6　ニーズへの対応が地域マネジメントに発展していくイメージ図

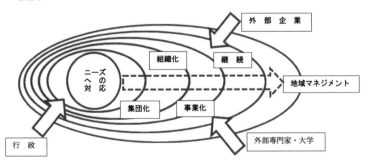

の成功につなげることが大切である。無謀な挑戦は無意味である。

　こうして、地域の困りごとに対応する個別の活動が、積み重ねられて「地域マネジメント」と呼べるものに発展していくのではないか（図表5-6参照）。

3）郊外住宅地を変える空間的な提案

　第二に、新しいニーズをきっかけに郊外住宅地の空間を変える一つの具体的な提案である。上に書いた手順を踏まえどう実践するか、考えてみたい。

　100坪の敷地に50坪の住宅が並んで建っていた。そのうちの1軒が空き家となり、取り壊されて売却の話が進んでいた（図表5-7）。買い手が現れないうちに、隣の住宅に一人で住んでいた高齢の女性も、施設への入居が決まった。この話を聞いた町会長が、町内の人たちを集め、この空き地・空き家の有効な利活用について話し合った。ちなみに町内会が空き家の問題を話し合ったのは初めてのことだった。

　ニーズを一覧表にして話し合い、「現在のニーズ」と「将来に向けたニーズ」の2種類があることが確認された。話し合う中で、最近移住してきた若い夫婦から、「ぜひ子育て支援の施設をつくってほしい」という意見が出た。人々が集まる場所やカフェはすでにあるが、高齢者が多く、若い人たちは出入りしにくいようだ、という意見もあった。何回かの協議をへて、「子育て支援施設」「若い人たちが使いやすい施設」として利活用することが決まった。

　それを、住宅の所有者に伝えたところ、「若い人の子育ては気になっていた。子育てに役立ててほしい」といわれた。また、自分の孫が都内の託児所で働いている、という話もあった。子育て支援施設として利活用を進める方針が固まったので、空き地の売却を担当していた不動産屋に事情を伝えた。

　設計事務所に声をかけ、3社から具体的な提案をしてもらった。町内の人々の前で、それぞれの案を説明してもらい、質疑応答をした。提案は、①郊外住宅地の空間の刷新　②若い人が集まっているところを見せる　という点で共通していた。設計事務所が帰った後、意見や感想を述べ合い、それぞれの案の論点を明確にしたが、当日は決定せず、1週間の時間を置いて再度集まって協議し、

図表5-8・5-9の案を選んだ。

　この案は、既存住宅を託児施設にリフォームし、隣接する空地に母親たちがコーヒーや軽食をとりながら休憩や仕事のできる場所（Mothers' Station）を新設、二つの建物を屋根でつなぎ、二つの庭をつないでプラザとして整備するというものである。コンクリートの壁が屋根を支え、門を構成するが、プラザへの出入りは自由で、道路からガラス窓越しに母親たちの姿が見える。

　住宅の前面に打ち放しコンクリートの壁を立てることについては賛否あったが、郊外住宅地の単調で閉鎖的なまち並みに変化を与え、通行者をプラザに誘導する仕掛けとして、都会的な雰囲気が若い人たちから支持され、中高年の人たちも、期待を込めて賛成した。「幼児だけでなく、高齢者も時間をすごせる場所にしてもらえないか」という意見が出た。当面は子育て家族の数も少ないことから、今後の協議の中で、高齢者や学童保育にも利用できるように、運営者と調整することになった。

　運営者として、住宅の持ち主の東京の託児所で働く孫が、職場の仲間とこの場所で託児所事業に取り組むことになった。また、周辺の居住者の中から、運

図表5-7　改修前の敷地（西側の住宅は取り壊されて空地となっている）

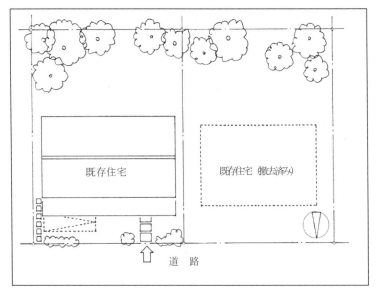

図表 5-8　改修後のイメージ（打ち放しコンクリートの壁とプラザが、郊外住宅地に新しい表情をつくる）

　営に協力したいという女性や男性高齢者が名乗りを上げた。空き地の所有者と連絡が取れ、そういう目的のためなら売却は止め、適当な条件で賃貸してもいいという申し出があった。あとは、建設費をどう工面するか、である。

　実際は、ここに書いたような簡単な話ではない。大切なことは、空き地・空き家を単なる一所有者の不動産取り引きの問題にするのではなく、地域の将来を見据えて地域の問題解決に向けて、地域の人々の総意で新しい利用目的を定

図表 5-9　改修後（左手に託児所、右手に母親の休憩所（Mothers' Station）。二つの建物は屋根で結ばれている。）

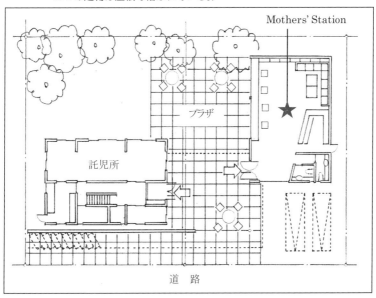

め、地域の人々がその運営にまで協力することで郊外住宅地をつくり変えて行く、ということである。

　その一歩を踏み出すことで、郊外住宅地の未来が拓けて行く。

（関根龍太郎）

（2）「地域資源」　空き家・空き地の利活用と仕組みの提案

　東京から50キロ圏内の郊外住宅地はこれまでベッドタウンと呼ばれてきた。ベッドタウンとは端的に云えば「寝に帰るまち」である。「寝に帰るまち」を目的として設え、大量生産された郊外住宅地は、40～50年経過した現在、空き家・空き地の発生という大問題を抱えることになった。同質コミュニテイで醸成された「地域の資源」を原資として空き家・空き地の利活用とその仕組みを提案する。

1）まちの価値を高める景観をつくる要素

　戦後まもなくの戸建住宅地における日本の宅地造成計画は、画一的な区画道路沿いに均質な宅地を大量につくり出した。宅地造成計画は、官・民を問わず経済的な採算ベースで進められ、まち並み環境形成への配慮は少なかった。しかし、社会経済基盤が「成長」から「成熟」の時代へと進化し、住宅の供給がやっと「量」から「質」に移りつつある現在、徐々に住宅地の「まちの価値」が認められ始めている。先進的なデベロッパーやハウスメーカーは競って建築家に戸建住宅地の環境計画に関する相談を持ち掛けた。基本的に、厳しい建築協定と地区計画制度に従って、住民が適切な維持管理を行えば、資産価値は上昇、環境の良い住宅地に成長するはずであった。更に開発者の構想がうまく引き継がれ、住宅地全体の評価が上がれば、空き家・空き地の発生は減少し、エリアの衰退にも歯止めが掛けられる。また住み続けることによって世代交代もスムーズに行われ地域循環も進む。そうは言っても、住宅は多種多様であるし、当然、ライフスタイルの変化によって増改築や建て替えが進むであろう。しかし重要

なのは『まちの骨格さえしっかりと計画すれば、美しいまち並みは持続される。』（出典：コモンで街をつくる　宮脇檀　丸善プラネット）の一語に尽きるのではないだろうか。また何より今や質の良い、丁寧につくられた住宅は評価される社会構造に変わりつつある。

　その実践例として挙げられる高幡鹿島台ガーデン 54 は、1984 年に分譲された 54 戸の郊外住宅団地であった。隣接するフォレステージ高幡鹿島台は 1997 年分譲の 53 戸、京王線高幡不動駅から歩いて 15 分程の北斜面に位置していた。両方とも小規模ではあるが、宅造設計から住宅のデザイン・ガイドラインまで一貫した環境計画がなされ、まち並み全体が美しくコントロールされている。道路はすべてボンエルフ道路で、道路沿いの要所に配置されたポケットパーク、フットパスと共に緑が溢れ、人が住んで楽しそうなまちになっている。この計画では自治体の理解が得られたため、道路を生活の場に取り込むをコンセプトに、公共用地と私有地の区別を越え、コモン広場が住戸を囲む構成が実現した。所有権は公・私（道路と宅地）に分けられ、このまちの環境は住民の共有財（コモンズ）としてしっかりと守り育てられている。緩やかにカーブするループ道路、パブリックとプライベートの境界を曖昧にする舗装計画や植栽計画、まち並みを統一するシンボルツリー・門灯・カーポートといった外構計画、地中化された電柱、まちなみ景観と周辺環境を考慮した戸建住宅地はゆっくりと成長を重ねた。

　2009 年、「ガーデン 54」を対象に「建築家の設計意図と居住者の評価に関するアンケート調査」が行われた。54 戸の内、空地が 2 宅地、2 宅地一世帯が

図表 5-10　フォレステージ高幡鹿島台　　図表 5-11　高幡鹿島台ガーデン 54 のコモン広場

1戸、転入建替えは1戸、増改築は4戸行われていて、その理由として、世代交代1戸・子の成長2戸・仕事場1戸であった。ガーデン54を他人に勧めるかの設問に、勧める理由として「住環境が良好なこと」16件、勧めない理由は「坂が多く交通の便が悪いので高齢者に向かない」16件であった。（出典：「高幡鹿島台ガーデン54」に関する研究その1　亀井靖子）

　フォレステージ高幡鹿島台は01年共有駐車場・公道の植栽・街灯設備などの維持管理を目的に管理組合を設立、住民が積極的にまちに係るルールづくりを担ってきた。この管理組合の活動は非常に重要で、1年交代の役員持ち回りで運営を開始した。翌年、メイン道路の植栽とコモンツリー、公園管理は市が担当し、その他の公道の植栽は同組合が管理することとした。公園の清掃はコモン単位の当番制。03年住環境を守るため、建ペイ率緩和計画を阻止し、各コモンの代表者会議を設置、統一感を感じさせる景観を現在も維持管理している。

　2）まちを活発化させる地域活動
　①向こう三軒両隣り・顔の見える関係づくり
　自分が住んでいる家から道路を隔てた向かい側にある三軒の家と左右に並ぶ二軒の家は『向こう三軒両隣り』と云われてきた。生活する中で、世話になったり、世話をしたりして親しい付き合いのある関係で地縁から生まれる助け合いコミュニテイである。
　今後の定住意向を支える必要条件とは、高齢期の生活課題や困りごとを解決することが第一義となってくる。民生委員や児童委員を中心とした単身の高齢者宅への訪問活動・配食サービスや移送サービスの展開など日々の住民の切実な生活ニーズへの対応はまず隣り近所の顔見知りを増やすことからはじまる。多様な人がいるのがまちであり、多様な人に知り合えるのもまちの良さである。自助、共助、公助によって買い物弱者、交通難民を支援する輪を広げて行かねばならない。
　②若い世代を呼び込むシェア居住
　身近な地域にある大学・専門学校の学生さんたちとのコラボレーションは思わぬ効果と出会いをもたらす。そして多世代の交流は予想外の新陳代謝を生み

出した。例えば東京都上野桜木にある 1907 年代に建てられた蔵付きの古い日本家屋・市田邸。ここは過って東京美術学校に通う学生さんたちが下宿していたという歴史ある建物であるが 2002 年、地域や東京芸術大学の有志が定期借家契約で借り受けるのを機に NPO 法人を立ち上げた。以来若い世代がシェア居住をしながら維持管理し、芸術文化活動の拠点として活用している。歴史的建造物に住み続ける価値を見直し、まちに親しまれる建物になることをめざす空き家利活用の積極的事例である。若い世代が交代で集まって住み、季節毎に開催されるお茶会やミニコンサートを通してご近所との付き合いも広がった。遠い親戚よりも何かのとき頼りになるのは、隣近所のネットワークである。今後、郊外地住宅においては多様なニーズを持ったいろいろな世代の住民が住むこと、暮らすこと、交流することが求められている。

　かってのベッドタウンと称される住宅地は、経済基盤、年齢、収入、学歴の似通った住民たちが、前後して定年を迎え、高齢となった。世代交代を果たせなかったまちから、子供の姿、若いお母さんの姿が消えた。地道に、多世代を呼び込む仕掛けとシステムをつくるのがこれからの課題である。

　③空き家になった実家を改修・地域交流の場のコミュニティカフェへ

　現在、日本中に空き家が溢れている。特に自立して親元を離れた子世代は、離れて住んでいた親世代の実家の処遇に頭を痛めている。解体して処分するのも憚られ、そのまま維持するのも問題がある。メンテナンスにも手間とお金がかかる。

　神奈川県厚木市鳶尾 4 丁目の『つどいカフェもりや亭』は 2019 年 4 月に開設された。オーナーの森屋利夫さん・由美さん夫妻は 40 年にわたり両親が生活した実家を改修。週 1 回のペースで、お茶と手作り菓子をいただきながら集まった人同士会話を楽しむなど、自由に過ごせる拠点を開いた。3 年前に両親が相次いで亡くなり、実家は空き家として放置され、庭草が生い茂っていた。地元の自治会長から「空き家を自治会の集会所として提供してほしい」との依頼を受け、厚木市の補助金制度で運営を考えたが条件に合わず、自力で地域寄合所をスタートさせた。東京都立川市で暮らす森屋夫妻は地元住人とは縁が薄く、地域に受け入れてもらえるか不安だったそうだが除草や掃除に頻繁に通っ

た結果、挨拶してくれる人、顔見知りがだんだん増えていった。由美さんは「一人暮らしでデイサービスにも行かず、介護も受けていない方などのお茶飲み場や居場所として使っていただけたら嬉しい」と語る。さらに地域包括支援センターと連携し、血圧計を常備、体調の悪い人の早期発見等にもつなげたいとし、認知症サポート講座終了のかたに傾聴ボランティアとして活動してもらっている。空き家を有効に活用してもらう企画をいろいろと提案、開催の金曜日の 3 時には移動販売車も呼んでいる。

　空き家となった実家の事例は多種多様である。森屋さん夫妻のように長年住んだ立川市で生活しながら、週に何回か厚木市鳶尾に通う『二地域居住』の手法もある。陶芸家である由美さんは鳶尾の地域拠点としての役割を担いながら、陶芸を続ける道を選択されたのである。

　④まちに半公共的空間を点在させる

　戸建住宅地には、半公共的な空間がほとんど無い。ブロック塀で仕切られたひな段状の住宅地には、立ち止まって廻りを見渡す場所さえない。買物帰りの道中、休み、休みゆっくりと戻って来られるよう、荷物を置いてほっと一息つけるベンチを置く運動を展開させてはどうだろうか。買い物難民解消の一助にもなる。東京都練馬区の T さんの家は設計当初から「敷地の一角にお休み石を置きたい。」との要望を挙げられていた珍しいケースである。大谷石のベンチとお誂え向きにシンボルツリーが心地良い木陰をつくっていた。杖を頼りに登ってきた坂道もこれが連続してあれば、何とか帰り着ける。戸建住宅団地において自分の敷地内に誰でも休めるスペースを設置することは非常に難しい。土地所有に執着する日本人なら、尚更ではあるが町内のブロック毎にこのようなコモンスペースを点在させれば、「まちの風景」は驚くほど豊かになる。

　3）今後必要な空き家・空き地対策の方向性

　空き家の増加に歯止めを掛けるためには「寝に帰るまち」から脱却するまちの仕組みに変えて行く必要がある。中古住宅を購入したり、改修したりした場合の費用を補助している自治体もあるが用途地域の変更も含み、多様なニーズにどこまで対応できるかである。今後は若い居住者を呼び込んだり、空き家を

活用した起業を促すなど、次世代が魅力を感じるテーマ性のある利活用が求められている。「なりわい空間のあるまち」への転換が望まれる。

4）住環境の質を高めるコモン住宅の提案

同質コミュニティの住宅地は、出産の波も、子育ての波もそして高齢化の波もほとんど同時期に押し寄せた。一方、毎年の分譲戸数を制限して人口のバランスを保つことによって持続可能なまちづくりを進めている地域もある。しかし全国的にみてその大半は、共に老い、共に消滅する大規模な売切り型の開発が多い。ここで提案する「コモン住宅の提案」は、計画当初から協定を設けて、敷地分割のルール、コモンスペースの管理方法の明文化などを充分に話し合って合意を得た上で計画することが極めて重要である。

①2軒分のスペースを纏めて広々と住まう。

2軒分をひとつにまとめた駐車スペースは、透水性のレンガブロックを敷き詰め、野芝を植える。限られたスペースを視覚的に有効に使い、車がいない時

図表 5-12　一戸で二戸分のスペースを有効に使う

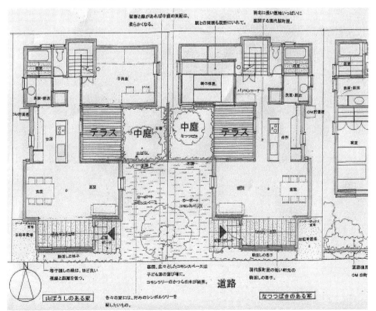

はコモン広場としてまちに解放する。シンボルツリーの「かつら」が木陰をつくり、ブロック塀・フェンスは無くして、全て生垣とする。格子状の板塀は、中庭の樹木を映して程よい「結界」となり、2軒分の中庭を両方から共有して楽しめる。総2階は止め、街路に語り掛けのある住まいとする。特に道路側は軒高を低く押さえて威圧感を消す。低い軒先は迎え入れる温かな気持ちと、奥行きの深さが表現される。

　②『ふれあいポケットを囲む家』

　　或る郊外住宅地で約120坪の矩形の敷地に建つ50坪弱の住宅が解体され、空き地になったと仮定する。何年後かに隣りの区画も空地になった。図表5-13の案は、請け負った民間の業者が、二区画に分割して4軒の住宅を計画した例である。縦長の矩形の敷地は旗竿宅地で二区画に敷地分割するのが常套手段とされてきた。だが、100〜120坪程の空き地の分譲地を分割して切り売りする場合、全体を考えて計画するプランナーの存在が不可欠である。経済的要因にのみ任せては、まち並みは徐々に崩壊する。図表5-14の提案は偶々隣り合わせに二区画空いた敷地を、「3世帯＋ゆったり共有できるコモンスペース」に計画する。二区画に無理やり4世帯を詰め込むことは戸建て住宅地全体

図表 5-13　二区画に4軒の計画　　　　図表 5-14　二区画に「3軒＋コモンスペース」の提案

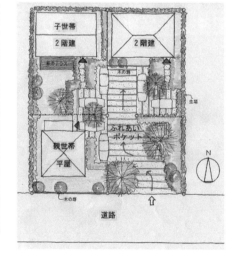

のクオリテイを低下させる。3世帯が区分所有の土地を提供する認定道路の手法を使ってみる。西側の敷地には、北側に若い世帯の2階建て、道路側南面には親世帯の平屋。緑豊かなふれあいポケットは子供たち・大人たちの共有の広場になるであろう。図表5-13と図表5-14、どちらの住宅地が魅力的かは明白である。旗竿宅地もていねいに時間をかけて打合せし、コモンとして計画すれば良好な住環境をつくりだすことができる。

③『シンボルツリーのあるコモン住宅』向こう三軒両隣りのコミュニティ

次は、隣り合わせの三区画の空き地を利用し、5軒の住宅と5軒分が楽しめるポケットパークのようなコモンを作った提案例である。この例でも三区画の空き地に6軒分の住戸を入れ込むのは避けた方が賢明である。真ん中のコモンスペースは、ケヤキの大きなコモンツリーを、スピードを落とした車で廻れる構造になっている。2軒分を一カ所にまとめた駐車スペースは境界を示す鋲が埋め込まれているのみで、車が居ない時は、共有の庭となる。住民が気軽に集える場としてクルドサック型の「コモン広場」が設けられ、花火大会や野菜販売マルシェの場など地域の拠点化を誘導する。まちに点在するコモンの広場か

図表5-15　シンボルツリーのあるコモン住宅

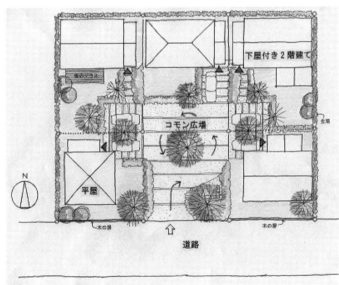

ら、住民の「まちを育てる」意識が芽生え、積極的に自分たちのまちにかかわるルールと仕組みを持った向こう三軒両隣りのコミュニティが生まれる。更にこのコモン住宅を通して、社会に問いかけ、発信する手段となるのが理想である。若い世代を呼び込むにはこのような建築的な空間の演出が必須ではないだろうか。

（鈴木久子）

（3）「新陳代謝」　人を呼び込む住まい方システムの提案

1）　ベッドタウンは様変わり

　高度経済成長期に、30〜40代の家族が、アメニティ豊かな戸建住宅を求めて移り住んだベッドタウン（郊外住宅地）は、40〜50年を経て、大きく様変わりした。ベッドタウン第1世代の当人達にとっては、第2の故郷となったが、高齢世代となり、昔とは異なる住環境に変わってしまった。今までは、起伏のある丘陵地は、変化に富んだ景観と感じていたが、現在、起伏が徒歩では移動困難な坂に変貌した。人口減少で公共交通も不便になり、車だけが移動手段となった。買い物が不便となり、一部の商業施設があるだけで都市機能は充実していないため、既成市街地まで出かける必要がある。また、高齢者が集う公民館・集会所や広場も十分とは言えない。ベッドタウンでは、インフラは整い、緑豊かな環境と広い居住空間を除いては、徐々にくらし難い場所になりつつある。時代の変化やニーズの変化とともに、子供世代になると、都心に近い住宅地やマンションへと居住をシフトし始めた。緑豊かな環境よりも、利便性高く、都市機能が充実した既成市街地での居住を求めだした。いわゆる「都心回帰」でもある。

　ベッドタウンでは、親世代のみ、また独居高齢者という状態になっているところは少なくない。親世代の自立生活が困難になれば、老人ホームもしくは転出した子供世代と同居するため、空き家となるケースも増えてきている。

　こうした状況のなかで、ベッドタウンを活き活きとした地域にするためには、

新たな可能性や機能を付加させる必要性がでてきている。つまり、空き家の活用、魅力ある空間の創出、均質なベッドタウンを多様性のある空間に、そして都市的機能を徐々に増やしていくという取組が必要となってきている。

　通常は、都市には都市規模に応じた都市機能があるわけだが、ベッドタウンは、あくまで居住するのに必要な機能しかない。そこで、ベッドタウンの規模に応じ、都市的機能を付加あるいは空間機能を転換していくことで、ベッドタウンを「シェアタウン」に変えられれば、活き活き暮らせる空間になっていくと筆者たちは考えている。その方策として、次のような提案ができるのではないだろうか。

　本項では、「新陳代謝」をキーワードとしているが、均質な居住環境を多様化し、人の出入りを活発化させることに、ベッドタウンの将来がかかっていると考えている。それが「シェアタウン」という未来像である。ベッドタウン造成の入居時が、最適な居住環境であった。その時のサービスが固定化していることにより、自然のままに任せておいたら、ニーズの変化にズレが広がり、地域の価値が低下してしまう。そのため、地域のポテンシャルを高めるための取組をはじめとする地域の新陳代謝が必要となってくる。そのためには、住民や地域団体によるベッドタウンの魅力発見、魅力づくりに取組む必要がでてきている。また、住民だけでなく、中間支援組織や内々・内外を繋ぐ仲介業がますます必要となってくると考えている。

　2）　人を呼び込む方策
　①地域で空き家の活用を考えよう。
　ベッドタウンの空き家は徐々に増えつつある。家主不在となった空き家の存在は、地域にとって問題である。空き家になってしまうと、家はどんどん荒廃していく。雑草は生え、虫が増え、ゴミ投棄対象となることで、周辺環境に負の影響をもたらす。他方、売り物件となっていれば、家は一定の維持管理はされているはずである。

　そこで、さしあたりベッドタウンの管理センターあるいは自治体から、他出した家主に呼びかけて、空き家の活用の了解を得ることから始める必要がある。

図表5-16 神奈川県鎌倉市、今泉台団地でのサロンとしての活用例

雑談風景 　　　　　　　　　　　　　　　庭園を望む

出典：http://www.mlit.go.jp/common/001205452.pdf

　そして、空き家を高齢者や主婦や子どもたちのたまり場やサロンにするとか、住民の共同作業場所にするとか、ちょっとしたお店を開くとか、住民団体の作品の展示場にするといったことに使っていくことが、均質な空間を多様な空間に変えていくきっかけや手がかりとなるであろう。

　　注）空き家対策や担い手づくりについては、現在、国土交通省で体制づくりを行っている（http://www.mlit.go.jp/common/001301561.pdf）。

　空き家活用の利用者は、地域内住民が望ましい。また周辺の既成市街地の住民が活用することでもよい。要は、空き家をそのまま放置しておくのではなく、可能な箇所は、近隣住民、管理センター、自治体が、再利用する努力をすることが重要なのである。

　また、ベッドタウン周辺に、大学等がある場合は、学生のニーズを踏まえて、安めのアパート・シェアハウスとしての活用を考えたい。例えば、埼玉県鳩山町の鳩山ニュータウン内での学生用シェアハウスの試みは参考となる（本書74頁参照）。

　さらに、ややマイナーな事例ではあるが、若者向けに、「ギークハウス」（注）として活用することもできる。さらに、ベッドタウンにこうしたシェアハウスをつくり、ネットワーク化することも、人や情報を呼び込むことに繋がる。ギークハウスとはソーシャル化するインターネットの中で生まれた新しい形のシェアハウスである。

注：ギークハウスとは、京都大学出身の男性ニートのPha（ファー）を呼びかけ人として、趣味趣向の合うギークやプログラマー、インターネットを活用するクリエイター同士で共同生活をする目的で、2008年夏頃から南町田から開始。経済的にゆとりのある人や訪問者がお金を出し合うことで共有物を購入するなどしている。趣旨に賛同しさえすれば誰でもギークハウスの名前でシェアハウスを作ることができるため、運営者はそれぞれに異なる。
　このため全国各地にシェアハウスを展開しており、共同生活をする目的で集合住宅を借りることもあるが、岩手や沖縄のように古民家を再利用するケースもある。

②部屋貸しするといった空き部屋の活用を考えよう。

　戸建て住宅には、4〜5LDKの家が多い。第1世代の老夫婦に、息子夫婦、孫と揃っていれば問題ないが、子どもたちが他出して、老夫婦だけになっている家、あるいは、元気ではあるが独居高齢者だけになっている家がかなり多くなっている。こうした家では、空き部屋が必ずある。その部屋を行政や不動産業者を始め誰かの紹介を経てでも他人に貸すことはできないだろうか。もちろん、学生でもよい、あるいは、近くで働く若者非正規労働者でもよい。こうした人に賄い付きで、部屋を提供してくれる家が増えていくことが、ベッドタウンを多様化してくことにつながるであろう。

　また、Airbnbと提携して、民泊を行ってみるのも一案である。緑豊かな住宅地も、外国人には、魅力的に映るかもしれない。もちろん、そのためには、住宅宿泊事業者等の手続きは必要だし近くに何らかの観光資源があることも要件になるであろう。

図表5-17　Airbnbを活用したホームシェア
（写真のような看板をだして補助ホストがサポート）

出典:https//prom@Tion.yahoo.co.jp/news/
airbnb-190322/

③自宅の空いた部屋で、何か活動・事業を行ってみよう。

　①、②は、空いた空間を他人に提供するという方策であったが、次は、空いた空間を自ら活用し、生活空間とは別の利用をすることによって、空間の魅力を高め、人を集めたり、情報発信をするという方策である。

具体的には、自宅の空き部屋を改造して、お店に変える、アトリエにして、制作活動を行う、音楽教室にするということである。

埼玉県鳩山町、ベッドタウン内に移り住んだ夫婦が、空いている一室を活用して、クラウドファンディングで資金を集め、リノベして、喫茶店として、朝食・軽食・カフェ、たまり場、夜はスナックに活用している。

図表5-18　ニュー喫茶「幻」

出典：「ニュー喫茶幻」のTwitterより

このような事例が、ベッドタウンの各地区で立ち上がり、始まることが、空間を魅力化し、人々の交流が活発になることにつながる。可能であれば、複数箇所で一緒に活動や事業に取り組めば、より地域内での関心を集めることとなる。引いては、それが外部の人の関心を集めるようになれば、外部からイベント時などは人が集まることとなる。

④自宅の庭の一部を使って、何らかの事業を始める。

ベッドタウンには、中規模の戸建て住宅が多いが、中にはかなり規模の大きなりっぱな住宅もある。そうした家では、庭も大きく、そうした庭をコミュニティ内外に人たちに使ってもらい、一緒に楽しむということも考えられる。それが引いては、外部からの関心を集めることに繋がる。

例　オープンガーデン

札幌のベッドタウンでもある恵庭市に1980年にできたニュータウン恵み野は美しい街並みが評価されているが、住宅が古くなっても美しさを保てるだろうかと91年にニュージーランド・クライストチャーチから学び、花のまちづくりを進めてきている。

観光協会が中心となって、花マップ・庭マップを作成し、毎年夏に、50件程度のご自宅の庭を開放し、見学ができるようにしている。

また、埼玉県深谷市では、同様に花のまちづくりを進めており、花マップを作成し、こちらでは各家庭の庭ではなく、公園や神社、土手、史蹟といった地

区を中心に、50 カ所程度を春の時期に散策できるイベントを行っている。

図表 5-19　恵庭市のオープンガーデン

サンガーデン：花の苗を直売するサンガーデン。カフェの庭には、ガーデニングのヒントがいっぱい。

出典：http://www.eniwa-cci.or.jp/shokka/gardening.index.html

　各地のベッドタウンでは、ゆとりある庭の美しさを競うことで、地域に活気がでてくることが期待される。今までは、観光協会の対象にもならなかったが、花を楽しみ、会話を楽しみ、ハーブティーを楽しむ年配グループは多く、そうした人たちは、緑が多いベッドタウンこそ、都市型観光という一環で集まってくることが期待される。また、ベッドタウンにある並木や河川敷、公園等をうまく外部に見せる工夫をすれば、深谷市のような定例イベントになり、外部からの観光客の呼び込みに繋がる。

　また、オープンガーデンだけでなく、庭の一部を活用しての屋台をおいた商売があってもいい。東京都小平市では、庭先販売所マップを作成し、農家の庭先で、55 箇所もの無人の販売所を設けたりしている。こうしたところを周辺の地域からきて、購入し、農家と話をする交流の場にもなっている。ベッドタウンでは、農産物販売とはいかないが、自宅で作った作品・食品を販売することで、人の流れが起きてこよう。

　⑤ベッドタウンの関係人口を創出しよう。

　関係人口という考え方は、地方の人口減少社会への対応策としてここ数年で一躍注目されてきている。関係人口は、観光以上移住未満、あるいは交流人口でもなく定住人口でもない第 3 の人口とも言われている。積極的に特定の地域との関わりを段階的に深め、その社会的な足跡と効果を「見える化」しているのが関係人口とも言える（ソトコトの指出一正氏）。この観点からすると、居住環境に重視したベッドタウンでは、この地域に関与できる魅力創出がキーになる（参照：可能なサイト https://www.soumu.go.jp/kankeijinkou/）。

　1 つは、住民自身がまちに埋もれているユニークな人材を発掘し、そうした

人材が魅力的な活動を行い、それが地域に広がり、引いては、情報発信をするような状況を作り出すことであろう。例えば、自宅をアトリエにしている陶芸家、音楽家のようなアーティストがいれば、そういう人を中心にした教室、地域活動、イベントといったことが考えられる。当人達も、居住および制作の場として考えていなかったのが、活動の場の可能性があるとわかれば、ベッドタウンで活動を広げるような展示会、発表会を行うことにより、地域外への情報発信にも繋がってくる。そうして、ベッドタウンならではの関係人口が形成されることになる。

⑥ハードな新陳代謝

　これは言うまでもなく、物理的空間を変化させ、新陳代謝を引き起こすことである。これは、自治体や管理センターその他が集結して取組べきテーマである。

　例1　公園を公民連携で管理し、にぎわいを創出する。

　誰もいなくなった公園を、管理センターの管理や自治体管理から、指定管理制度に切り替え、公民連携で、指定管理者は収益事業もおこない、賑わいがでる取組を行う。

　例えば、西東京市では公民連携により市内の大小53の公園を指定管理で、一括管理している。指定管理者は、西武パートナーズ（西武造園、NPO Birth、尾林造園）である (https://project.nikkeibp.co.jp/atclppp/PPP/032300072/110800006/)。

　例2　廃校となった学校を、ベッドタウンのニーズにあった空間に変える、都市的機能が発揮できる施設に転換させる（参照72頁）

　例3　緑道・並木を農地に変える。けやき並木をりんご（柿）並木に変える。つまり、食べられる空間に変える。管理は、近隣の小中学校に任せる。

⑦中間支援組織、内外を繋ぐ仲介業の創出

　新陳代謝を図るためには、住民や当該自治体の職員だけでは、なかなか状況を変えることはできない。そうした時に、ベッドタウンの新陳代謝を図る機能を設ける必要がある。住民主導でもいいし、当該自治体がテコ入れした機能・組織を設け、そこを核として、新陳代謝を図る（例えばm鎌倉市今泉台のNPOタウンサポート鎌倉今泉台を参照　57頁）。

　最後に、ベッドタウンで暮らすメリット・デメリットを改めて確認しておき

たい。メリットは、家賃・物価が安い、子育てを意識した街づくり、地方へのアクセスの良さ、車を所有しやすい。デメリットは、都心への移動に時間がかかる、都市的施設が少ない、車社会になっていて、車なしでは生活できない。

　もしも、都会での生活に疲れたという場合は、ベッドタウンの暮らしには都会にはない魅力が詰まっていて、その魅力を探し当て、感じられるようになれば、ベッドタウンへのIターン、生活が楽しくなるであろう。ベッドダウン内は、空間に余裕があるので、それを活用する（空き部屋、空き庭）ことにまず取組むべきである。生活の場から、生産機能（農の機能の付加、食のワークショップ、ものづくり・芸術活動の付加、それの情報発信、場を楽しむ工夫等）をどう創出していくかが次のステップとなる。並木通りをエディブルフラワーストリートに変えることができれば、一躍有名な地区となるし、周辺から人が見学にやってくる、地域の子どもたち、主婦たちも集まってくるであろう。生活の充実・生産機能の創造・社会関係の緊密化（コミュニティの形成）によって、地域経営共同体の一役をベッドタウンが担うことにも繋がっていくであろう。また、ベッドタウン同士のこうした農的機能、都市的機能の創出が図られれば、ベッドタウン間でのノウハウ交換にも繋がっていくであろう。それにより、ベットタウンの新陳代謝はさらに活発になっていくであろう。

（北川泰三）

（4）「職住近接」　暮らしに溶け込む「なりわい空間」の提案

1）地域の暮らしを豊かにする小さな「なりわい空間圏」の創造

　近年、サテライトオフィスや在宅勤務などの新しい働き方の試みも始まっているが、ここで注目したいのは、これまでの市場経済とは異なる動きとしてのソーシャルビジネスの台頭など、暮らしレベルでの関係づくりやコミュニティづくりにつなげる小さなスケール－地域を基盤にした社会の再構築の動きである。どんな暮らし方や働き方をしたいのか、相互を一つにした新しい価値の創造に向けた模索が始まっている。

　こうした萌芽を郊外住宅地でのなりわい空間づくりにつなげられないか。まちの皆さんがなりわい空間づくりにかかわり、暮らしと仕事の望ましい関係を築きながら、新しい地域に変革させていく、そんな地域の能動的ななりわい空間づくりである。新しい営みのニーズに、地域を開き、同質的空間を多様で時代の変化に柔軟に対応できる地域空間に変革していくことが大切ではないか。まちの様々な地域資源を生かしたなりわい空間づくりを通して、住民をはじめとするまちの使い手が充足感を持ち、たえず新しい価値が生まれ共有される「小さいけれど豊かさを持った経済循環、経済圏」の構築を標榜したい。そして、そのためには、「なりわい空間」づくりを進め実現させる関係づくりと共創させていく動きを創出していくことが重要になる。

　ここでは、こうした考えから、地域を基本とした小さななりわい空間圏の創造について、そのプロセスを重視して提案してみたい。

図表5-20　なりわい空間づくりの提案の考え方

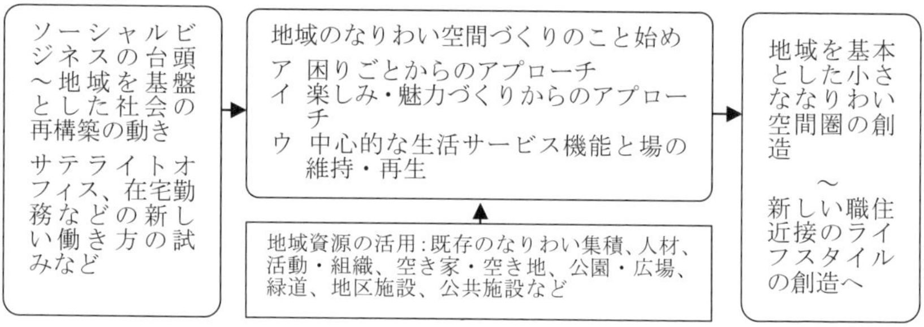

①困りごとに対処する生活支援型のなりわいづくり

　郊外住宅地では急速な人口減少と高齢化を背景に、買い物、交通の難民化などの困りごとが顕在化してきている。まず、こうした困りごとへの対処からなりわい空間の創出を考えてはどうか。地域の自治会や協議会などを通じて、住民や地域にかかわる人たちを巻き込みながら地域の困りごとを整理・予測し、その方策を検討する。ワークショップの手法などで地域の困りごとを発見したい。そして、どう対応するか。地域には自治会の他にも福祉協議会や民生・児童委員などの各種組織がかかわっている。それらの組織の活動を踏まえながら、

組織に委ねることと自ら取り組むこと、相互に連携することなどを整理したい。こうしたニッチな潜在的ニーズを踏まえ、その担い手の発掘や組織化、ビジネス化について検討していくことが期待される。

　活動はボランティアではなく、有償。時給などのサービス料金を定めてもよいが、地域独自のお金を回す地域通貨なども考えてはどうか。相模原市の旧藤野町で実施されている地域通貨「よろず屋」なども参考にしたい。その仕組みはとてもシンプルで、通帳型で、「萬（よろづ）」（1萬＝1円が目安）でやり取りをする。メーリングリストを媒体に相談を持ちかけ、専用の通帳に金額とサインを記入したら取引が成立する。簡単な日常の小さな困りごとにも頻繁に利用されているという。

図表 5-21　困りごとからのアプローチ　　　　図表 5-22　地域通貨「よろづ屋」

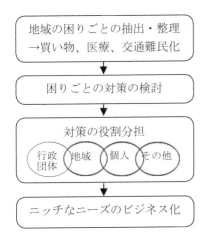

出典：藤野地域通貨よろづ屋 HP

②楽しみ・魅力の創出につながるなりわいづくり

　住宅地として特化した郊外住宅地。その良好な居住環境に配慮しながら、あったらいいなと思う店や生活サービスを呼び込み、生活の利便性や楽しみ、魅力を高めたい。宇都宮市のもみじ通りでは、建築家の目利きで空き家・店舗にほしい店を連れてきて、その集積を高めている。専門家による面白い取り組みである。また、鎌倉では、IT系や不動産系などの地域の企業によるまちのシーズづくりが行われている。まちの保育園や社員食堂など、企業サイドから地域の

楽しみや魅力を高める試みである。地域で企業の集積が進むなかで、こうした可能性を探ることも期待したい。ただし、これらの試みはいたって特殊なケース。では、みんなでこうした動きをつくってはどうか。みんなでつくるなりわいの場・拠点づくりである。活動を担う人材などの発掘と仲間づくりを兼ねたなりわい空間づくりワークショップである。

　　＜なりわい空間づくりワークショップの例＞

　　○STEP 1．やりたいこと、やってみたいことを整理する
対象となるフィールドを示しながら、地域内外の人たちのアイディアを持ち寄り発表し合う。カフェや手作りパン、仕事の請負など特技や趣味などを活かしてやりたいことをお披露目し、なりわいとしてやりたいことを整理する。
○STEP 2．なりわい活動の場・拠点探しと活用イメージの検討
それをどこでどう行うか、みんなでまちを歩き、空き家・店舗などを巡ってみよう。良さそうな空き家・店舗を見つけたら、そのオーナーの情報を収集し、活用できそうか、その可能性を探る。自治体の空き家調査や空き家バンク制度などの利用も有効である。そして、その活用のイメージをつくる。同時に、人材の情報を収集し、一緒に活動できる仲間づくりも進めたい。また、場・拠点となる空き家・店舗の利用交渉や施設利用予定表、運営方式などを検討する。
○STEP 3．"やりたいこと"の事業化を実験的にやってみる。
場・拠点づくりのための空き家・店舗のDIYワークショップを開催し、みんなでつくってみよう。1日、2日～1週間など、開催期間を定めて、出展や催しの時間、日程などを調整し、プログラムを作成する。賃貸料や改修費、売上などの事業計画を作成し、終了後にはしっかりと評価したい。
○STEP 4．組織化、運営について検討する
実証実験で学んだことをベースに、事業化支援のプラットホームなどの組織化・自主事業の運営への移行について検討する。

　こうしたワークショップを展開するためには、空き家情報や改修、実験事業の事業費が必要であるし、専門家の支援も不可欠であることから、行政サイドからの支援が重要になる。それため、行政の政策課題としての位置づけ、支援体制を整え、主導的な取り組みが期待される。

　③中心的な生活サービス機能と場の維持・再生
　ニュータウンなどの郊外住宅地では、人口減少を背景に、まちのセンターゾーンが衰退し、核店舗となるショッピングセンターの撤退などの危機を迎えている。その機能を維持するために新たな集客の仕掛けが必要である。

センターゾーンの核店舗などと連続させて、地域らしさあふれるマルシェや
イベントなどを開催して、これまで既存店舗では提供できなかった地域の豊か
さ、楽しい暮らしづくりに拘る顧客サービスを展開してはどうか。マルシェは
周辺の生産農家や農協などと連携し、ファーマーズマーケットを核にして、顔
の見える自慢の食材の販売と共に、生産農家とシェフとのコラボレーションに
よる新メニューの提供・発信なども楽しい。また、先述のなりわいづくりを楽
しむ方々の発表・発信の場にしてもよい。イベントは食をはじめ、健康、スポー
ツ、アウトドア、ガーデニング・リホームなど様々なテーマが考えられる。こ
れからのまちのライフスタイルの創造につながるよう、食やカラダ、環境など
のそれぞれのまちにあったテーマとしたハッピーライフスタイルの提案などに
チャレンジしたいものである。

こうした集客を高める試みを重ねながら、まちの中心的な生活サービス機能
と場を維持・再生し、センターゾーンがまちのアイデンティティを高め、新し
いライフスタイルの創造発信の場となることが期待される。

④なりわい空間を育む体制づくり

こうしたなりわい空間づくりを進める上では、まず行政の後押しが必要であ
る。特に初期には各団体などへの動機づけも含めて先導的な役割が期待される。
様々な調整と専門性、資金などの問題が発生するからである。そのため、行政
はまずこうしたなりわい空間づくりを新たな産業として位置づけ、「経済の活性
化、新たな雇用の創出」という観点から産業政策の一環として取り組む必要が
ある。ビジネスの対象・領域を拡大し、新たな資金循環や市場を創出すること、
そして幅広い年齢層における新しい働き方として「居場所」「役割」をつくりだ
すことを目的として、地域の小さななりわい空間圏の創造に向けた地域産業ビ
ジョンを描くことが期待される。

次に、なりわい空間づくりのためのプラットフォームづくりも重要である。
地域産業ビジョンの実現に向けて、起業の支援とともに、事業者と企業などと
の連携・協働のためのマッチングからマルシェやイベントの仕掛などを行う中
間支援機能を担う仕組みを整える必要がある。ワークショップなどを通じて得
た人的ストックを活かし、地域の NPO、事業者、専門家、金融機関、商工団体

などからなる組織を築きたい。

　また、ローカル・ルールをつくることも重要である。行政は3年間などの時限的な助成や空き家対策などとの連動で支援していくことが期待され、それを条例などでルール化し、様々な機会を活かして情報発信・PRし、なりわい空間づくりへの協力・参入者を呼び込むことが大切である。ルール化では「地域性の発揮、」「暮らしの質の向上」といった地域本位の豊かさにつなげることをその前提としたい。そして、このまちで仕事をつくってみたい！新しいライフスタイルを楽しみたい！という共感を連鎖的に育み、担い手、事業協力者のネットワークを拡大していくことが期待される。

図表 5-23　なりわい空間づくりのプラットフォーム概念図

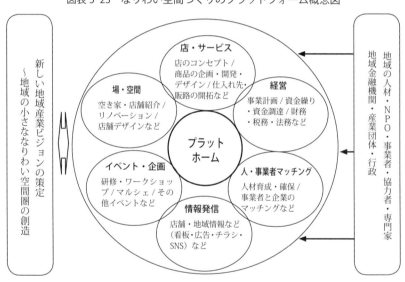

2）なりわいの "BASE" づくり〜なりわい空間の創出へ

　なりわい空間を創出しその集積を育んでいくプロセスとしては、まずなりわいの "BASE" づくりから始めたい。先に示したなりわい創出のためのワークショップの場の活用からプラットフォームの場としてなりわいを育む拠点である。この "BASE" を核として、身近な困りごとや生活を豊かにするなりわい小空

間や地区のセンターゾーンなどのなりわいコア空間を築いていく。それぞれの
なりわい空間の形成イメージは次のとおりである。

①なりわい "BASE" の空間イメージ

図表 5-24　なりわい "BASE" となりわい空間形成イメージ

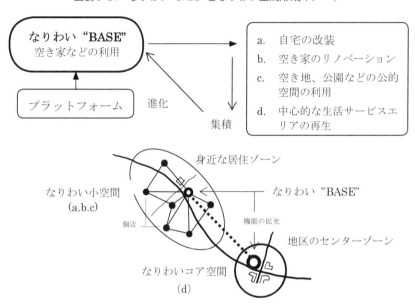

当初のなりわい "BASE" は集会所や身近な空き家などを利用する。ワーク
ショップや実験事業などに利用できると、活動の前提となる実験の場が明確に

図表 5-25　なりわい "BASE" づくり

＜当初：空き家などの利用＞ ⇒＜なりわい集積にあわせて機能の拡充＞

△空き家を利用したカフェ＆
　展示販売の実験事業

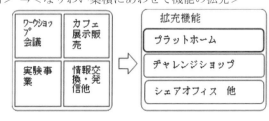

なるので円滑に検討を進めることができる。そして、なりわい小空間の集積や
なりわいコア空間の再生にあわせて、当初の"BASE"と連動させながら、コア空
間などに"BASE"機能を拡充した拠点化を進め、情報発信性のある豊かななりわ
い空間圏の創造の要としたい。

　②生活支援、楽しみ・魅力を育むなりわい空間のイメージ

　困りごとや生活を豊かにするなりわい小空間は、自宅の改装、空き家のリノ
ベーション、空き地や公園の利用など、その担い手の志向により様々な形態が
考えられる。例えば、カフェ・レストランであれば自宅の改装や空き家の利用
により店舗をしつらえ、食材も空き地の農園化や周辺農家との契約などにより
地元食材を多く取り入れるなど、地産地消や食育の場としていくことが期待さ
れる。ただし、地域になりわい空間を創出していくことはその閉鎖的な空間を
少しずつオープンにしていくことでもあることから、地域の理解が不可欠であ
る。相隣問題などが起こらないように、「地域性の発揮、」「暮らしの質の向上」
を基本にまちのオープン化について話し合い、デザイン・ガイドラインなどを
まち空間の魅力を育むローカル・ルールとして定めておきたい。

図表5-26　地元食材を活かしたカフェ・レストランのイメージ

＜空き地の農園化と地元食材＞　　＋　　＜空き家利用のカフェ・レストラン＞

生産農家とシェフ
とのコラボレーショ
ンで地元の食を
発信したい

　③中心的な生活サービスエリアのなりわい空間再生のイメージ

　ニュータウンは計画的な開発であり、その顔となる地区のセンターゾーンは
モール化、広場などからなる質の高いデザインされた空間もあるが、多くの場合、
大規模な駐車場をもつショッピングセンターが核になっており、賑わいの可視

化が難しいデザインになっている。核店舗などに連続させて、その駐車場や空き地などに新たな市場や露店街のスペースを確保し、仮設のテントや屋台などを利用して定期的に先述のようなマルシェやイベントなどを開催し、一部には子どもの遊び場や休憩スペースなどをしつらえる。こうした集客を高める自由度の高いなりわい空間づくりを通じて、地区のセンターゾーンの再生につなげたい。

　さらに、なりわい"BASE"を核とする拠点化にあわせて、仕事の場のニーズの高まりなどを勘案して、シェアオフィスやサテライトオフィスなどが複合した働く場の集積ゾーンの創出も検討してみてはどうだろうか。これからの様々な働き方を受け止め、そのニーズに応じてシェアハウスなどの新たな住居の受け皿も準備して、職住近接の個性あるまちに転換していくことが期待される。

図表 5-27　マルシェによる自由度の高いなりわい空間づくり

出典：しんゆりフェスティバル・グランマルシェ（1019 年 10 月開催）
主催　新百合ヶ丘エリアマネジメントコンソーシアム

（田所　寛）

(5)「交流」　交流からはじまる地域再生のネットワークの提案

　郊外住宅地の状況を踏まえ時、新たな発展方向、即ち「シェアタウン」に向けた具体的な取り組みを確実に進めなければならない。それは、郊外住宅地の閉鎖的な空間特性と機能低下しつつあるコミュニティ力を、助け合いやふれあいなど地域力を高める基礎となる「交流」活動を基本に進めると共に、その輪

を都市空間全体に拡げるネットワークづくりを通して、新たな地域価値、魅力の創造へと繋げる形で進めていくことが大切である。

　そのためには先ず、「1．穏やかな関わりづくりを楽しむこと」から始め「2．地域・都市に拡げるリノベーション活動と場づくり」へ、そして「3．地域再生戦略としてのプラットフォーム形成とリノベーション拠点形成、ネットワーク化」へと段階的に交流活動を展開していくこと。加えて、その効果を一層高めるために、前項で提言された各種事業等を郊外住宅地のリノベーション事業として位置づけ、進めていくことが重要である。しかし、先ずは、誰でも参加しやすい身近なかかわりづくりや諸活動の取り組みから始めて行くことが大切である。

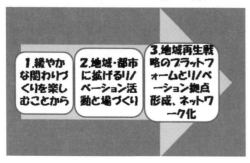

図表5-28　ネットワーク化への流れ

　1）"緩やかな"かかわりづくりを楽しむことからはじめる
　①地域での"緩やかな"かかわり、繋がりづくり
　　　　　〜多様なコミュニティの場づくりを楽しむ

　地域での関りや交流が希薄であった郊外住宅地にあって、多様なかかわり、コミュニケーションを可能とする機会と場づくりを通して、人と人、地域との開かれた関係づくりを進め、楽しむなど豊かな人間関係やコミュニティづくりを進める。さらに、そのような活動を通して地域の諸問題への関心を高めていく。

【対応の方向例】
　・趣味の活動やふれあい・交流づくりを通した地域での多様で気楽な繋がりづくりの実践（多様な地域活動への自由な参加、集い・食事の場、サード・プレイスづくりへのステップ）
　・気軽なふれあい・交流の中から地域の諸課題への関心を高める（老人・婦人会、自治会、商業団体などの諸活動への拡がりと参加を通した諸問題の発見、共有化）

②地域を知り学ぶことからはじめる（環境、歴史・地域文化他）

　住み続ける地域を学び直し、良さを確認する。さらに、個々人の問題意識を基本に、地域問題の確認と解決に向けた取り組みを皆で進める。

【対応の方向例】

・私的勉強会や研究会、○○探検隊などを通して、まちの歴史や成り立ち（歴史的、文化的、地理的、環境的資源）、良さを再確認する

・勉強、研究を通して、自ら感じる地域問題の背景や位置付けを確認する

・その成果を、INSなどの多様なツールを用いて拡げ共有化を図る

③緩やかなかかわりから「地域問題」へのアプローチ

　地域での緩やかな関わりから、さまざまな地域課題や気付き、思いを持った人々が、個別具体的に集まる活動の推進と多様な活動の拠点づくりを進める。

【対応の方向例】

・地域の環境問題（空き地・空き家問題他）や子育て環境づくり（地域の保育問題）、一人暮らし・高齢世帯などの高齢者福祉問題（買い物や食事問題、足の確保）などへの自立的な活動の展開と場づくりを進める

・趣味や文化活動などの実践と発表や多様な連携のための機会と拠点づくりを進める

④空き地・空き家を活かした小さなふれあいの場づくりへ

【拠点づくり＝勉強会・研究会等、繋がりを強める場として】
●地域での研究会や勉強会、ワークショップ等を通して知的好奇心や能力を高め、人・地域との繋がりを強め、広げる。その拠点として公民館や空き家等を活用する。（写真：水戸市 VILLAGE310）

　特に、地域に点在する空き地、空き家を活用した地域イベントの開催や地域諸活動の身近で小さな拠点づくり、あるいは各家庭や近隣でのふれあい、交流活動の場としての利活用を通して地域の身近で顔の見えるネットワークづくりを進めていく。

【対応の方向例】
・空き地を活かしたバザー、バーベキュウ、食事会、菜園・収穫祭等
・空き家を活用した地域活動、文化展、茶話会などの交流の場としての活用
・園芸医療などの医療・ふれあいの場としての活用

⑤多様な活動の情報交換と交流へ

【空き地を活かしたふれあいづくり（1）】
●空き地、空き家を活用して、ふれあい広場、拠点として、デザイナーズフリーマーケット、バザー、菜園・収穫祭、あるいは文化祭他の開催の場に活用しつつ、諸活動の連携や交流を強める。

【空き地を活かした
　　　ふれあいづくり(2)】
●空き地を複数家族の家庭菜園として、また地域の園児達の収穫の場として活用する。収穫後の収穫祭、BQの場、空き家と連動した食事会などの場としても活用。
●老人の健康づくりと結びついた園芸・ふれあいの場としての活用も考える。

緩やかな関わりから始める地域のさまざま活動や小さなふれあい拠点における諸活動を知らせ、繋げるための情報発信のネットワーク機能を育成するとともに、協働活動やイベントを企画、実践し、一層の連携、拡大に繋げる。

【HPを活用した
　　ネットワークづくり】
●地域活動や自治会活動のHP等を立ち上げ、それぞれの諸活動の周知やPRを行う。併せて、個別活動団体や個人ホームページなどを活用して様々な呼びかけや情報交流など、そのネットワーク化を進める。（写真：鎌倉市今泉台町内会HP）

【対応の方向例】

・情報交流ツールの開発（ＨＰ・ＦＢの開設、ＰＲ・案内版の発行他）

・情報発信に向けた協働イベント、催し等の開催

２）地域・都市に拡げるリノベーション活動と場づくりへ

①「自ら実践、持続する」活動を地域リノベーションの契機とする

　地域のさまざまな自立的活動の連鎖的拡大によって、地域活動と地域空間をリノベーションする契機とする。特に、空き家や空き地の管理や活用によるリノベーション拠点化を図る。その際、意欲的、個性的若者の出現・発見がポイントであり、地域での活動や場＝拠点づくりの中で発見、育てていくことが大事である。

【対応の方向例】

・カフェ・酒場づくり（たまり場的交流空間）

・多様な機能が集まった交流・活動施設（鳩山町コミュニティマルシェ等）

②地域のリノベーション活動を地域、都市空間全体へと拡げる

　地域のリノベーション活動や自然的環境を踏まえた魅力的な景観づくりを通して、地域ならではの魅力、街並みづくりへと広めていく。特に、道路・公共建築などの公共空間のデザイン化へと連鎖させ、それを活かした地域イベントの開催などにより地域の一体感の醸成を図る。併せて、コミュニティバスを含

【場・繋がりを拡げる～カフェなど】

●鳩山町、ニュー喫茶「幻」。芸大出身者がニュータウンを題材にした創作活動の場として立ち上げ。第一種低層住居専用地域でクラウドファンディングを活用。空間的にもユニーク。(写真：左上)

●「鳩山町コミュニティ・マルシェ」(ニュータウンのタウンセンターに、行政と民間により整備されたコミュニティセンター施設～移住センター、ふくしプラザ、町おこしカフェ、シェア・オフィス、研修室等で構成)。(写真：左下)

めた公共交通網の検討・整備により地域、都市のネットワーク性を高め、日常生活の利便性を確保する。

【対応の方向例】

・地区計画、まちづくり協定の立案、締結

・空き家・空き地の管理や活用、周辺環境管理を通して地域公共空間のリノベーションへと繋げる

・地域・都市レベルでの道路・交通網の検討～地域の自立的交通機能の検討・再編、そして都市レベルへの拡大（送迎や買物サービスなど）

③活動を実施・支援するＮＰＯの設立、そして連鎖的拡大へ

【地域・都市空間化へ拡げる】
●個人の庭の開放、空き地や公園を活かした緑・花づくりなどを通して緑・花の情報発信やガーデンレストラン、緑・花の交流拠点づくりを進め、周辺への波及効果を高め、地域魅力の向上に繋げる。写真：小布施花のまちづくり（写真：小布施HP）

地域における多様な活動の持続性、自立性を高めるための組織づくりや財政基盤を高めるための事業性の検討、支援策の研究・検討を進める。

【対応の方向例】

・ＮＰＯなどの自立的組織の検討・設立～組織・活動の自立性の確保

・金銭的自立、持続するための方法を探る。（クラウドファンディングの活用

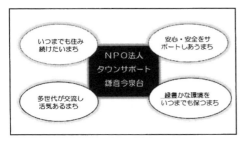

【組織の立ち上げと活動】
●鎌倉今泉台：NPO組織
●長期的な取り組み、資金運用等により、鎌倉まちづくりに貢献
●空き家バンクの運営、空き家を利用したコミュニティーサロンの運営、遊休駐車場の活用、空き地を利用した菜園の運営、空き家・空き地の草刈・枝払い等の活動他（写真：NP

空き家・空き地の活用など事業性の検討、財務・事務能力の向上他）
・多様な手法の検討と活用、経営ノウハウのストック化と共有化
・成果の共有化（ノウハウ・苦労話などの交流・勉強会・研究会の実施）

3）地域再生戦略としてのプラットフォームとリノベーション拠点形成、ネットワーク化

　今、郊外住宅地は多様で緩やかな繋がり、「交流」を自ら取り戻しつつ、地域としての魅力と活力を高めようとしている。その動きをより加速させるためにも、地域を変化させ動かしていく「リノベーション」とその「拠点づくり」という具体的な「戦略」を持つべきである。地域における多様な「リノベーション拠点」が重層的につながることによって、郊外住宅地としての新たな地域・都市像が構想される。そのために、

●「多様なニーズ」から生まれる地域活動を中心に実情に合った複合的な拠点としての「プラットフォーム」とそこから派生する「リノベーション拠点」を重点的に充実していく。その資源は、地域の空き家・空き地、環境資源であり、そこに住む多様な経験と実績を持つ人々である。

●加えて、そのネットワーク化である。人的、情報、そして協働化のネットワーク化、交流であり、物的（交通、環境、景観等）ネットワークである。

　以上の視点から、「第5章5 シェアタウンに相応しい地域空間の提案」で示した、地域再生の各種拠点の整備を「リノベーション拠点」として位置づけ、それぞれを充実、連携させていく。それは特に、

①「多様なニーズ」 生活環境の変化に対応するサービス機能の提案
　　　　⇒「託児所づくり」と「Mothers Station」の一体的整備

　ポイント：少子高齢化する郊外住宅地にあって、子育て支援を基本にした再生への取り組みを、既存住宅のリフォームによる託児所づくり、空地となった敷地に子育て中の若い母親が、休憩したり、仕事をしたり、人と会ったり、打合せをしたり、セミナーを開いたりすることができる場所（Mothers Station）を一体的に整備するなど新たなニーズに対応したサービス機能を育成する。まさに、母親たちのプラットフォームであり子育ての場である。

②「地域資源」　空き家・空き地の利活用の提案
　　　　　　　⇒住環境の質を高めるコモン住宅の整備
　ポイント：空き家や空き地の利活用に際して、コモンスペースづくりを基本とした協働による住環境、街並みづくりを進める。その具体的展開方向としての「2軒のスペースを纏めて広々と住まう」、「ふれあいポケットを囲む家」、「シンボルツリーのあるコモン住宅」を提案する。多様で良質なコミュニケーション空間としてのコモンスペースづくりを通して地域価値を高めていく。

③「新陳代謝」　人を呼び込む住まい方システムの提案
　　　　　　　⇒余裕空間（空き家、空き部屋、空き庭等）の活用から始める
　ポイント：郊外住宅地の均質な居住空間を多様化し人の出入りを活発化させることにより地域の新陳代謝を加速化させる。そのため、地域の多様な魅力づくり、特に、余裕空間（空き家、空き部屋、空き庭等）の活用から始める。加えて、中間支援組織や内々・内外を繋ぐ活動を創出する。

④「職住近接」　暮らしに溶け込む「なりわい空間」の提案
　　　　　　　⇒なりわいの"BASE"づくり〜なりわい空間の創出
　ポイント：地域の暮らしを豊かにする小さな「なりわい空間圏」の創造に向け、地域資源を生かしたなりわい空間づくりを通して、住民をはじめとするまちの使い手が充足感を持ち、新しい価値が生まれ共有される「小さいけれど豊かさを持った経済循環、経済圏」を構築する。そのために「なりわい空間」づくりへの関係づくりとそれを共創させるなりわい空間の「プラットフォームとなりわいの"BASE"」づくりを進める。

　以上の多様な「プラットフォーム」と「リノベーション拠点」を基礎として、そのネットワーク化を図り、効果的で戦略的な地域空間へと繋げていく。

⑤「交流」　交流を生みだすネットワークの提案
　　　　　　⇒「交流」の「プラットホーム」づくりとそこから「発進」する「リノベーション拠点」形成とネットワーク化
　ポイント：各提案に基づく活動は、地域の緩やかな関係づくり、あるいは身近な問題解決の会話や活動、即ち、地域交流の「プラットフォーム」づくりから始まる。そこを起点に、多様な個別活動＝「リノベーション拠点」（BASE）へ

と拡げていく。時には「プラットフォーム」＝「リノベーション拠点」（BASE）かもしれない。いずれにせよ「交流」から「リノベーション」への流れを強く意識し活動の輪を広げて行くことが大事である。

　まさに住民、地域を基礎とする地域の「プラットフォーム」から、地域のリノベーション拠点としての「多様な活動のBase」づくりへと自ら取り組み、その連携、ネットワーク化を通して、住み続ける場としての多様で拡がりを持った地域・都市空間が形成される。

　そして、これら諸活動を繋ぐ、持続的な地域づくりのための地域経営・運営主体（＝地域経営共同体）の形成によって持続性ある「シェアタウン」へと繋がるのである。

図表 5-29　地域のプラットフォームから多様な活動 Base への展開とネットワークイメージ

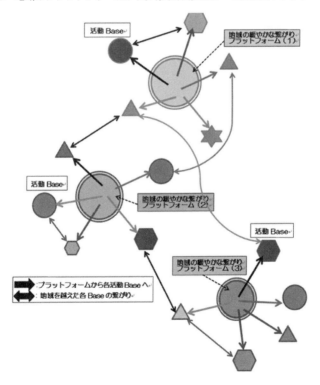

（増田　勝）

まちづくり情報インデックス

【第2章】

①横浜市と東急電鉄による田園都市沿線の「次世代型まちづくり」を推進するための基本協定

横浜市と東急電鉄による次世代型まちづくり基本協定を 2012 年 4 月 18 日に締結。「次世代郊外まちづくり」は「既存のまちの持続、再生」を目的に、地域住民、行政、大学、民間事業者の連携、協働によって「暮らしのインフラ」と「住まい」を再構築し、少子社会、高齢社会の様々な課題を一体的に解決していくことを目指していく従来にない参加型、課題解決型のまちづくり手法で進めるプロジェクト。

②横浜市栄区ネオポリス自治会と大和ハウス工業（株）よる「持続可能なまちづくりの実現に資する諸活動」協定

2016 年、ネオポリス自治会と大和ハウス工業（株）による協定を締結。協定に基づき、大和ハウス工業（株）が 2018 年 10 月「野七里（のしちり）テラス」を整備。同社が建物を大和リビングに賃貸し、運営は法人野七里テラスに委託する。コンビニの店長を含めた従業員は地域住民を中心に雇用する。

③地域の交流サロン（NPO法人ふらっとステーション・ドリーム）

団地の住民の助け合いの活動がたくさん生まれた中でできた交流サロン。地域の誰もがふらっと立ち寄れるフラットな交流の場として活用、運営。

＊NPO法人ふらっとステーション・ドリーム
　（http://furatto-std.sakura.ne.jp/）
連絡等：〒245-0067 神奈川県横浜市戸塚区深谷町 1411-5　TEL：045-307-3558

【第3章】

①横浜市栄区湘南台桂台自治会「まちづくり委員会」

湘南桂台まちづくり委員会「まちづくり憲章」1．すべての住民が安心して暮らせる安全なまちにする。 2．おもいやりの心をもって、互いに迷惑をかけないまちづくりを心がける。 3．皆で積極的にまちづくりに参加し、利便性と調和に努めるなどの「まちづくり憲章」に基づき、まちづくり指針や地域まちづくりルールの運用を行う組織。

＊横浜市栄区湘南台桂台自治会「まちづくり委員会」
〒 247-0034　横浜市栄区桂台中 15-1 湘南桂台自治会
　TEL：045（804）2715

②横浜市栄区「上郷東地区まちの再生・活性化委員会」上郷東地区まちづくり構想

横浜市栄区区政推進課「上郷東地区まちの再生・活性化委員会」が、2017 年 3 月に「上郷東地区まちづくり構想」を提言。

＊実績指標横浜市栄区役所区政推進課
＊実績指標〒 247-0005 神奈川県横浜市栄区桂町 303-19　TEL：045-894-8181

③ NPO 法人「タウンサポート鎌倉今泉台」

鎌倉市に暮らす、若年者から高齢者を中心とした広く一般市民に対して、鎌倉市を「いつまでも住み続けたいまち」にすることを念頭に、空き家、空き地の管理運営事業や市民参加による地域サポート事業、イベントの企画・まちづくり推進

事業等を行うことにより、全ての世代が活気に溢れ、安全に安心して共生できるまちづくりに寄与することを目的として2015年7月設立。
＊NPO法人タウンサポート鎌倉今泉台
　代表　丸尾恒雄
〒247-0053　神奈川県鎌倉市今泉台二丁目１６番６号

④ユーカリが丘：山万株式会社
千葉県佐倉市西部において成長管理型のまちづくりを、1971年から手掛けている。モノレールを軸に計画的な土地利用、さらに住宅戸数の限定的供給や住宅住み替えシステム、多様な住民活動の支援などを行っている。
＊山万株式会社　企画部
〒285-0858　千葉県佐倉市ユーカリが丘４－１　スカイプラザモール3F
TEL 043-487-8670

⑤ Tobio ギャラリー
厚木市鳶尾団地の地区センター、パティオ鳶尾にあるコミュニティカフェ。活動主体は池本政信氏(故人)が始めた「コミュニティカフェ荻野」で、現在は一般社団法人となった。「ほっとする憩いの場、お困りごと対処等」のボランティア活動集団。(65～85歳の健康な仲間37名)

⑥ロックvファイブ
コミュニティカフェ荻野に「空き家になっているので有効に利用してほしい」との申し入れがあり現在実施運営中。ご近所の意向を十分に汲んで今後、変更改善する予定。コーヒーサービス提供(お気持ち代100円)、スマートホンの勉強会など。
＊厚木市鳶尾5丁目18-22

⑦つどいカフェもりや亭
オーナーの森屋利夫さん・由美さん夫婦は40年間、両親が生活した実家を改装。2019年4月から週1回、正午から午後4時までお茶と手作り菓子をいただきながら自由に過ごせる場を提供。利用料200円。血圧チェックで健康チェック。ご近所さんと声かけあって、楽しい居場所に。
＊厚木市鳶尾4丁目6-15
＊協力：鳶尾4丁目自治会・荻野地域包括支援センター

⑧厚木市荻野自然観察会
1993年発足。「地元のために何かできることはないか」と現顧問である花上友彦さんと故諏訪哲夫さんによって立ち上げられた。地元の自然に親しむことから自然保護を考える。活動は月1回の月例観察会に加え、荻野川の清掃や生物観察、カヤネズミ等の在来種の調査など。2016年度「かながわ地球環境賞」受賞。
＊粟野豊實会長、会員数43人
＊〒243-0204　厚木市鳶尾4-19-16
TEL 046-242-2881

【第4章】

①鳩山町コミュニティ・マルシェ
鳩山町コミュニティ・マルシェは、鳩山ニュータウンのタウンセンター内に、行政と民間の複合施設として整備したコミュニティセンター（集会所、店舗、事務所で構成）の1階部分の旧物販ゾーン（旧西友リビング館）の再活用施設。
＊鳩山町政策財政課 政策・広報情報担当
〒350-0392　埼玉県比企郡鳩山町大字大豆戸184番地16

【第5章】

①山形県川西町「自主自立による地域の経営」
川西町を支える 多くの人々がまちづくりや事業に参画できる「共創のまちづくり」を推進していくため、第4次川西町総合計画（平成18年度～平成27年度）・まちづくりのテーマ 発見・協働・実現

から「地域再生」へ むけて 地区 経営母体の設置及び地区計画の策定、地区交流センター指定管理者は新地区経営母体に指定。現在までに7地域づくり協議会を設立。

＊川西町役場　まちづくり課地域づくり推進室

〒999-0121　山形県東置賜郡川西町大字上小松1567

②特定非営利活動法人つるおかランドバンク

鶴岡市民、市内に転入する者及び市内に空き家、空き地を所有する者に対して、密集住宅地の空き家、空き地、狭あい道路を一体的に行う区画再編事業の調整に関する事業や市内全域の空き家、空き地問題の解決に関する事業を行い、良好で快適な住環境整備に寄与することを目的として2013年1月に設立。

＊特定非営利活動法人　つるおかランドバンク　代表　廣瀬大治

〒997-000　山形県鶴岡市ほなみ町1番2号

③氷見市コミュニティバス支援事業

富山県氷見市では、特定非営利活動法人（NPO法人）が道路運送法第78条の規定に基づいて運行する自家用有償旅客送（公共交通空白地有償運送）のバスを、「NPOバス」と位置づけている。市内のNPOバスは、3法人により4路線が運行されており、市では地域住民の移動手段を維持・確保するため、NPOバスの運行等を支援している。

＊氷見市役所公共交通担当

〒935-8686　富山県氷見市鞍川1060番地　　TEL:0766(30)2949

④三木市「郊外型住宅団地ライフスタイル研究会」

兵庫県三木市は、「緑が丘ネオポリス」において郊外型住宅団地再生を目的に、民間事業者主体による「郊外型住宅団地ライフスタイル研究会」を2018年9月

に設立し、郊外型戸建住宅団地再生に向けた取り組みを本格的に開始した。同研究会は、産（大和ハウス（株）、凸版印刷（株）、（株）クラウドワークス等）・官（三木市）・学（関西学院大学・関西国際大学）計15の企業・団体で構成する。

＊三木市役所 総合政策部企画政策課

〒673-0492 兵庫県三木市上の丸町10番30号 TEL:0794-82-2000

⑤フォレステージ高幡鹿島台管理組合

共有駐車場・公道の植栽・街灯設備等の維持管理を目的に2001年管理組合設立。委託管理も活用し、1年交代の役員持ち回りで運営を開始した。

＊東京都日野市南平1-10　　フォレステージ高幡鹿島台管理組合理事会

⑥市田邸

1907年日本橋の布問屋を営む初代市田善兵衛がその居を構えた。築100年を越え、国の登録有形文化財建造物。

＊東京都台東区上野桜木1-6-2

＊NPO法人たいとう歴史都市研究会

⑦藤野地域通貨「よろず屋」

神奈川県北西部に位置する旧藤野町（現相模原市緑区）において、トラジション藤野のメンバーが2009年に地域通貨「よろず屋」を立ち上げる。エネルギーを大量消費する社会から、持続可能な社会に移行すべく、地域通貨により自分たちの身の回りに小さな経済圏をつくろうと活動している。2018年現在、約400世帯が登録している。

＊トランジション藤野　藤野地域通貨よろづ屋　事務局　池辺潤一

⑧宇都宮市もみじ通り

東部宇都宮線・東部宇都宮駅から300mほどにあるもみじ通りは2007年に商店街が解散したが、建築家であり不動産業も営む塩田大成氏は2010年にもみじ通りへオフィスを移転したのを契機にして、地元との信頼を築きながら空き店舗

にカフェやレストラン、雑貨店などの拘りの店を出店させている。

＊株式会社ビルススタジオ　代表取締役
　社長塩田大成
〒320-0861　栃木県宇都宮市西 2-2-24

⑨面白法人カヤック（鎌倉資本主義）

鎌倉に本社を置き、地域活動として 2013 年より IT の力で鎌倉を支援する「カマコン」を開始する。2017 年より「鎌倉資本主義」を提唱し、鎌倉で暮らす人、働く人のために「まちの保育園」や「まちの社員食堂」など、地域の企業が共同で使える施設をオープンした。

＊面白法人カヤック　代表取締役 CEO
　柳澤大輔
〒248-0012　神奈川県鎌倉市御成町 11-8

⑩しんゆりフェスティバル・グランマルシェ

新百合ヶ丘エリアマネジメントコンソーシアムが主催し、小田急線・新百合ヶ丘駅にてマルシェを定期開催している。地域周辺の農産物や全国から拘りのフードやクラフト作品、子どもたちのワークショップや音楽などのアートパフォーマンスなどを楽しむことができる。

＊新百合ヶ丘エリアマネジメントコン
　ソーシアム　代表幹事中島眞一
〒215-0004　神奈川県川崎市麻生区万福寺 1-1-1

⑪鳩山町　カフェ「幻」

1970 年代から開発された「鳩山ニュータウン」に、芸大出身者がニュータウンを題材にした創作活動の場として立ち上げる。クラウドファンディングを活用。住宅街にある空間的にもユニークな場所で様々な活動を展開中。

＊運営：菅沼朋香氏（facebook ニュー
　喫茶幻）
連絡等：〒350-0314 埼玉県比企郡鳩山町楓ヶ丘 1 丁目

⑫小布施花のまちづくり

「花により人と人との交流を深め　人に優しい　花咲くまちを目指す」として、花によってまちを装う、花によって福祉の心を育てる、花をまちの産業を育てるという 3 つの目標を定めて取り組まれている。

＊小布施町産業振興課商工振興係
〒381-0297　長野県上高井郡小布施町大字小布施 1491 番地 2
TEL：026-214-9104

⑬水戸市 VILLAGA310

2015 年 2 月に「食べる」「集う」「学ぶ」をコンセプトにオープン。「飲食」と「読書」を中心に、まちなかと地域コミュニティを結ぶカフェ。水戸の街なかに元気と楽しみを取り戻すために「泉町商業エリア活性化実行委員会」を発足し、「泉町商業エリア活性化計画」の中期プランの第一弾として開設。まちの駅でもある。

＊運営：VILLAGE310（village310.org）
　連絡等：〒310-0025　茨城県水戸市
　天王町 2-32　Tel：029-291-3100
連絡等：〒350-0314 埼玉県比企郡鳩山町楓ヶ丘 1 丁目

おわりに

　郊外住宅地の現在について語られる機会は多くありません。本書で詳細に提示した問題は、時にはマスメディアにも取り上げられるが、多くは、人口縮小社会に突入した我が国が抱えている課題のエピソードの一つというような位置づけである。急速に進行している空き家・空き地問題の一例として、地域全体の高齢化とコミュニティ活動の劣化の一例として、更には、在宅勤務など働き方改革の可能性を持った地域としてなどと触れられる。「地方創生」政策が主として対象とする地方に対して、東京を中心とする大都市圏は「なりわい空間（働く場）」が集積し人口が集中する場所であった。産業だけではなく、教育・文化などの都市機能が充実した刺激的で魅力的な生活環境として、地方から若い人達が大量に流入して来た。

　1960・70年代に郊外住宅地が続々と建設された時は、高度経済成長が持続しており、団塊の世代が働き手の中心を占め、人口増加が続いていた時代であった。2008年より始まった我が国の人口減少も東京など大都市圏にはあたかも無縁の出来事のように論じられてきた。しかしながら、郊外住宅地では、住民の高齢化と、住宅を継承すべき次世代の住まい手の遠距離通勤を嫌うなどのライフスタイルの変化により、空き家・空き地の増加、地域コミュニティの劣化が粛々と進行して来た。これは、近い将来の東京圏など大都市圏が向き合わざるを得ない問題ではないか。筆者達、まちづくりにかかわる専門家であると共に東京圏の住人である私達の第一の問題意識がこのような危機感であった。

　東京都が2019年8月にまとめた“「未来の東京」への論点”では、「東京への人口流入が今後減少していき、自然減が拡大する一方、社会増が縮小し、2025年以降、自然減が社会増を上回り東京の人口減少が本格化する」と予測し、将来、「東京一極集中」議論は過去のものとなるだろうとまで述べている。1960・70年代に郊外住宅地が建設された時には、現在のような課題を抱えることは予測できず、新しい世代に住宅が継承され居住環境が持続していくことに何の疑問も感じることなく、（既存の住宅地よりは）水準の高い環境を提供す

ることに努めてきた。現在の郊外住宅地の状況を目の前にして、長期的な視点の欠如への反省とともに、それを見通す難しさを痛感せざるを得ない。これまでの 50 年に比べると、2025 年はすぐやってくる。

　一方で、今回の著書をまとめるにあたって、取材や対話、情報提供などにご協力頂いた東京圏の郊外住宅地に住む方々は、自分の家の周辺に空き家や空き地が増えてきた、自治会活動などが停滞してきたというような状況に対して、当事者として何とかしないといけないという意識を持ち活動しています。困りごとへの対応から、住民が高齢化して難しくなった住宅や庭の保全、更には空き家の維持管理など、居住環境の持続のために対応していかないといけない課題に自治会や NPO が、中には地方自治体や民間事業者と連携して取り組んでいる郊外住宅地もあります。筆者達は、このような経緯を「困りごとへの対処」から「地域空間マネジメント」に向かっていく兆しとして期待している。同時に、このままでは劣化が確実に進んでいくことが迫っているのに、当事者である住民の過半は関心を持たない、一部を除いて大きな行政課題になっていないなど、見えてきたことも沢山あります。

　本書では、このように奮闘している方々の活動を頼もしく思い、その勇気を頂いて、筆者たちの思いを込めて、このままでは劣化が止まらないだろう郊外住宅地の居住環境の持続について、再生のための理念や戦略とリノベーションのイメージ、その実現を担う地域経営共同体の構築と活動について提案している。筆者たちは、困難な状況の中で、先見性をもって自分達が住む居住環境と地域コミュニティの持続のために活動されている方々への敬意をこめて、本書が実践を進化させる一助になることを願っています。

　更に、今はまだ関心を持ってない方々が、郊外住宅地が抱えている課題を確認し、それを乗り越えていくための活動に参加する手引書になるように、先進的な活動を実践している団体についての事例や活動拠点などの情報を収録している。本書によって、大都市圏や郊外住宅地の住民、行政・様々な専門分野の方々は勿論、人口縮小時代にふさわしい "住み続けること" を考えている方々に、郊外住宅地に関心を持って頂ければ大変嬉しく思う次第です。

（井上正良）

参考文献・出典リスト

序章
・「東京劣化」松谷昭彦、（株）PHP 研究所、2015 年 3 月

第 1 章
・「東京は郊外から消えていく」三浦展、光文社、2012 年 8 月
・「東京郊外の生存競争が始まった」三浦展、光文社、2017 年 6 月
・「土地利用関係研究最終報告書」大月敏雄、2004 年 3 月
・「未来の年表」河合雅司、（株）講談社、2017 年 6 月
・「地域開発〜老いる郊外住宅地 ①」長瀬光市、一般財団法人日本地域開発センター、
　2018 年夏

第 2 章
・「老いる東京」佐々木信夫、（株）カドカワ、2017 年 3 月
・「縮小社会再構築」監修・著 / 長瀬光市・縮小都市研究会、2017 年 10 月
・「住民と自治」〜町内会・自治会の特質と現代的課題〜」田中実、自治体問題研究所、
　2016 年 1 月号
・「調査季報〜郊外住宅との開発の変遷と展望〜」小池信子、横浜市、2000 年 12 月
・「次世代郊外まちづくり 基本構想 2013」東急電鉄・横浜市、2013 年 6 月
・横浜市栄区ネオポリス自治会と大和ハウス工業（株）よる「持続可能なまちづくりの
　実現に資する諸活動」協定
・「建築雑誌：住宅政策・土地利用政策の問題」長瀬光市、日本建築学会、2016 年 6 月、
　vol. 130

第 3 章
・「桂台の歩み〜桂台クラブ創立 35 周年記念誌」桂台クラブ、2008 年 10 月
・「まちのルール作りの定石集」さかえ住環境フォーラム、2011 年 2 月
・「タウンサポート鎌倉今泉台の活動概要」NPO タウンサポート鎌倉今泉台、2018 年
・「上郷東地区まちづくり構想」横浜市栄区区政推進課、2017 年 3 月
・「上郷東地区まちの再生・活性化委員会活動報告書」2018 年 3 月
・「湘南桂台自治会の自治まちづくり」竹谷康生、2017 年 10 月
・「竜ヶ崎ニュータウン　北竜台のまちづくり」住宅・都市整備公団
・「龍ケ崎市第五次総合計画」龍ケ崎市、2007 年 3 月
・「地域開発〜老いる郊外住宅地 ②〜 ④」長瀬光市、一般財団法人日本地域開発セン

ター、2018 年秋〜 2018 年冬
- 「ふるさと龍ケ崎戦略プラン」龍ケ崎市，2014 年 2 月
- 「地域力を高めるために―何故、今、地域コミュニティなのか―」龍ケ崎市、2010 年 11 月
- 「地域コミュニティ NES（創刊号〜第 11 号）」龍ケ崎市
- 「地域コミュニティ協議会」龍ケ崎市

第 4 章
- 「地方創生への挑戦」監修・著、長瀬光市・縮小都市研究会、公人の友社、2015 年 9 月
- 「地域開発〜老いる郊外住宅地 ⑤〜 ⑥」長瀬光市、一般財団法人　日本地域開発センター、2015 年夏〜 2019 年秋

第 5 章
- 「郊外型住宅団地ライフスタイル研究会」ニュースレーター、2018 年 12 月
- 「限界都市」日本経済新聞社編，日本経済新聞出版社、2019 年 2 月
- 「住環境マネジメント」齊藤広子、学芸出版、2011 年 3 月
- 「縮小都市再構築」監修・著長瀬光市・縮小都市研究会、公人の友社、2017 年 10 月
- 「条例によるまちづくり・土地利用政策」編著出石稔
- 「野七里テラス紹介」一般社団法人野七里テラス，ホームページ
- 毎日フォーラム：縮小社会の中の自治体」長瀬光市、毎日新聞社 2018 年 9 月
- 「コモンで街をつくる」宮脇檀建築研究室編　丸善プラネット
- 「郊外戸建住宅地『高幡鹿島台ガーデン 54』に関する研究　その 1 日本大学生産工学部第 42 回学術講演会 (2009-12-5) 亀井靖子
- 「フォレステージ高幡鹿島台管理組合」家とまちなみ 72(2015.9)
- 「神奈川全域・東京多摩地域の地域情報誌タウンニュース」2019 年 8 月 2 日号
- 「コミュニティによる地区経営」大野英敏他 5 名、鹿島出版会、2018 年 9 月
- 「地域開発〜老いる郊外住宅地 E」長瀬光市、一般財団法人日本地域開発センター
- 「ソトコト第 20 巻第 11 号」、2018 年 11 月 1 日発行、第一法規、2006 年 9 月
- 「月刊ブレーン第 58 巻第 8 号」、2018 年 8 月 1 日発行

【縮小都市研究会紹介】

縮小都市研究会は、縮小社会を見据えた「地域と自治体の自立のあり方」を研究することを目的に、2013年5月に誕生した。

2015年9月に人口減少による地域と自治体の持続性の危機を警告した、「地域創生への挑戦〜住み続ける地域づくりの処方箋〜」を出版した。2017年10月には、人口が減少しても安心して幸せに暮らすことが出来る地域を築くことをテーマに、「縮小社会再構築」を出版した。

その後、縮小社会研究会は、人口減少と高齢者の急増に直面している東京圏郊外住宅地が崩壊、消滅の危機に瀕している実態を直視し、郊外戸建て住宅地の再生をめざし「ベッドタウンをどのように変えていくか」について、約2年間にわたり研究活動を行い、その成果をこのたび本書に取りまとめた。

執筆にあたっては、2年間におよぶ縮小都市研究会での調査研究の成果や執筆らの現場でのフィールド研究の成果、地域開発「老いる郊外住宅地」（一般社団法人日本地域開発センター）2018年夏〜2019年秋の連載論文などを活用した。

【監修・執筆者紹介】

長瀬光市（ながせこういち）

慶應義塾大学大学院政策・メディア研究科特任教授

1951年福島県生まれ。法政大学工学部建築学科卒業、藤沢市経営企画部長などを経て現職。神奈川大学法学部非常勤講師。天草市・鈴鹿市、市原市、金ケ崎町、大木町などの政策アドバイザー、金ケ崎町行財政改革委員会会長などを兼務。専門分野は自治体経営、地域づくりなど。

2018年「地域活性化学会10周年記念学会賞」受賞。

一級建築士。主な著書：「人口減少時代の論点90」（公人の友社・共著）、「縮小社会の再構築」（公人の友社・共著）、「ひとを呼び込むまちづくり」（ぎょうせい・共著）、「湘南C-X物語」（有隣堂・共著）他。

【執筆者紹介】

井上正良 （いのうえまさよし）

井上景観研究所主宰、NPO 法人まちづくり協会顧問

1943 年生まれ。1966 年東京大学工学部建築学科卒業、黒川紀章建築都市設計事務所入社。1970 年黒川紀章氏設立の（株）アーバンデザインコンサルタントに参加、1982 年から 2002 年まで代表取締役。まちづくり計画、景観・行政経営アドバイザーなど。著書「人を呼び込むまちづくり」、（ぎょうせい・共著）、「地域創生への戦略」（公人の友社・共著）、「縮小社会の再構築」（公人の友社・共著）、「人口減少時代の論点 90」（公人の友社・共著）」

北川泰三 （きたがわたいぞう）

一般財団法人日本地域開発センター主任研究員

1957 年埼玉県生まれ。筑波大学大学院環境科学研究科修了。財団法人日本地域開発センター入所。「地域開発」誌編集長、主任研究員、現在に至る。立教大学観光学部兼任講師。NPO AVENUE 理事（ベトナム研究）、GNH 学会理事。地域振興、環境を活かした地域づくり、沖縄、ベトナムがテーマ。著書「地域からのメッセージ、板橋コミュニティ白書」（板橋区）他。

鈴木久子 （すずきひさこ）

1949 年三重県生まれ。獨協大学卒業。一級建築士。遠藤楽建築創作所を経て、鈴木久子建築設計室開設、第 1 回伝木賞準伝木賞、第 25 回三重県建築賞住宅部門知事賞、第 4 回 OM 地域建築賞優秀賞受賞。主な著書：「健康な住まいのつくり方」（彰国社・共著）「新・和風デザイン図鑑ハンドブック」（エクスナレッジ・共著）。NPO 法人伊勢志摩さいこう会副理事長、NPO 法人伝統木構造の会理事。

関根龍太郎 （せきねりゅうたろう）

STUDIO R 代表

1952 年東京都生まれ。早稲田大学理工学部建築学科卒業、同大学院修士課程修了。渡辺武信設計室、飛島建設株式会社、特定医療法人一成会木村病院勤務。現代まちづくり塾塾報編集委員、NPO まちづくり協会会員。

田所　寛（たどころひろし）

都市プランナー

1957 年神奈川県生まれ。東海大学大学院工学研究科建築学専攻修士課程修了。

専門分野は都市政策、都市・地域づくり。民間都市計画プランナーとして、広域圏計画や総合計画、都市マスタープラン、地区整備計画などの構想・計画の立案、地域再生や復興支援などの実践的まちづくりなどにかかわる。技術士（都市計画及び地方計画）。NPO 法人アーバンデザイン研究体理事。NPO 法人まちづくり協会会員。

増田　勝（ますだまさる）

NPO 法人まちづくり協会理事長、株式会社 UR マネジメント代表

1949 年宮城県生まれ。九州大学大学院人間環境学研究科。博士（工学）。市町村の総合計画・都市計画マスタープラン・市民ワークショップ等の策定・支援にかかわる。専門分野は都市政策、都市計画、地域づくり。主な著書：「人口減少時代の論点 90」（公人の友社・共著）、「老いる郊外住宅地～新陳代謝が可能なまちにするための試み～（「地域開発」19 年 5 月・共著）他。

縮小時代の地域空間マネジメント
ベッドタウン再生の処方箋

2020 年 3 月 25 日　第 1 版第 1 刷発行

　監修・著　　長瀬光市
　　　著　　　縮小都市研究会
　発行人　　　武内英晴
　発行所　　　公人の友社
　　　　　　　〒 112-0002　東京都文京区小石川 5-26-8
　　　　　　　TEL 03-3811-5701　FAX 03-3811-5795
　　　　　　　e-mail: info@koujinnotomo.com
　　　　　　　http://koujinnotomo.com/
　印刷所　　　モリモト印刷株式会社

ISBN978-4-87555-841-5